岩土工程真空负压脱水技术原理及应用

Principles and applications of vacuum-assisted dewatering in geotechnical engineering

齐永正 著

中国建材工业出版社

北京

图书在版编目（CIP）数据

岩土工程真空负压脱水技术原理及应用/齐永正著．
--北京：中国建材工业出版社，2025.2
ISBN 978-7-5160-3718-8

Ⅰ. ①岩… Ⅱ. ①齐… Ⅲ. ①真空技术—负压力—研究 Ⅳ. ①TB7

中国国家版本馆 CIP 数据核字（2023）第 017848 号

岩土工程真空负压脱水技术原理及应用
YANTU GONGCHENG ZHENKONG FUYA TUOSHUI JISHU YUANLI JI YINGYONG
齐永正　著

出版发行：中国建材工业出版社
地　　址：北京市西城区白纸坊东街 2 号院 6 号楼
邮　　编：100054
经　　销：全国各地新华书店
印　　刷：北京印刷集团有限责任公司
开　　本：787mm×1092mm　1/16
印　　张：11.25
字　　数：280 千字
版　　次：2025 年 2 月第 1 版
印　　次：2025 年 2 月第 1 次
定　　价：58.00 元

_____

前　　言

真空负压脱水技术最早由瑞典科学家 Kjellman 在 1952 年提出，最初应用于岩土工程领域，如处理高含水率的软土地基和疏浚底泥。这一技术的核心在于利用真空负压的作用，促进物料中的水分快速排出，从而达到脱水的效果。随着技术的不断发展，真空负压脱水技术逐渐拓展到更多领域，如食品加工、化工、制药、环境工程、混凝土施工等多个领域。食品真空负压脱水技术的起源可以追溯到美国宇航局的太空食品技术。本书主要介绍真空负压脱水技术在岩土工程领域的应用及理论研究成果。

本书是笔者及合作者近 20 年来研究工作所获取的研究成果，这些成果，凝聚着师生们奋战在科研一线的辛勤汗水和众多心血。本书内容同时也包含了众多学者的研究成果，因此本书也是大量研究人员心血与智慧的结晶。

本书共分 5 章。第 1 章对真空负压脱水技术及其在岩土工程领域中的应用进行了概括介绍，让读者对真空负压脱水技术及其应用有一个大致了解，为后面的章节内容做一个铺垫。

第 2 章全面介绍了土体排水固结、堆载排水固结、真空负压排水固结原理以及排水固结法中砂井的计算分析方法。详细介绍了真空负压脱水强度及其增长理论，结合工程实例重点介绍了真空负压脱水固结效果及规律。最后，简要概述了近年来真空负压排水固结新技术。

第 3 章主要介绍疏浚河湖底泥真空负压脱水固结技术。阐述了河湖底泥特性和处理方法，河湖底泥真空负压排水固结的一些技术要求。依托自制模型，对疏浚河湖底泥脱水室内模型试验研究过程及结果结论进行了详细介绍。

第 4 章介绍了笔者近年来在真空负压污泥脱水方面的研究成果。依托自制设备，研究了底部真空负压污泥脱水大变形固结理论以及渗滤介质对污泥脱水性能的影响，对低温真空异步污泥脱水效果和结论进行了介绍。

第 5 章是应用前景展望，对未来真空负压脱水技术在岩土工程领域的发展方向进行了简要介绍。

本书成稿过程中，研究生袁梓瑞、张国付、杨子明、郝昀杰和陈建浩参与了本书的撰写工作，此外，对本书所引用的国内外各类文献作者致以最诚挚的谢意。

限于个人的知识储备和认知水平，书中难免有不尽如人意的地方，欠缺和不妥之处在所难免，敬请各位专家和同仁不吝赐教和批评指正。

齐永正

2025 年 1 月

于江苏科技大学

长山校区海韵湖畔

目　　录

第1章　真空负压脱水技术概述 ……………………………………………… 1

1.1　引言 ……………………………………………………………………… 1

1.2　真空负压排水固结技术概述 …………………………………………… 3

1.3　真空负压疏浚河湖底泥脱水技术概述 ………………………………… 4

1.4　真空负压废弃泥浆脱水技术概述 ……………………………………… 4

1.5　真空负压污泥脱水技术概述 …………………………………………… 5

1.6　本章小结 ………………………………………………………………… 6

第2章　真空负压排水固结技术 …………………………………………… 7

2.1　土体排水固结原理 ……………………………………………………… 7

2.2　堆载排水固结原理 ……………………………………………………… 9

2.3　真空负压排水固结原理 ……………………………………………… 11

2.4　砂井固结分析方法 …………………………………………………… 19

2.5　修正剑桥模型在真空负压法中的应用 ……………………………… 24

2.6　真空负压强度理论 …………………………………………………… 26

2.7　真空负压排水固结技术应用 ………………………………………… 32

2.8　真空负压加固效果及分析 …………………………………………… 49

2.9　改进真空负压排水固结技术简述 …………………………………… 56

2.10　本章小结 ……………………………………………………………… 58

第3章　河湖底泥真空负压脱水固结技术 ……………………………… 59

3.1　疏浚河湖底泥现状及特征 …………………………………………… 59

3.2　疏浚河湖底泥排水室内模型试验研究 ……………………………… 64

3.3　无秸秆河湖底泥排水固结试验研究 ………………………………… 69

3.4　水稻秸秆河湖底泥排水固结试验研究 ……………………………… 75

3.5　小麦秸秆河湖底泥排水固结试验研究 ……………………………… 94

3.6　油菜秸秆河湖底泥排水固结试验研究 …………………………… 101

3.7　不同种类秸秆底泥排水固结试验结果对比分析 ………………… 108

3.8　本章小结 ……………………………………………………………… 114

第 4 章　底部真空负压污泥脱水技术 ·· 116

4.1　污泥现状及其相关研究 ·· 116

4.2　底部真空负压污泥脱水大变形固结理论 ·············· 129

4.3　异步真空污泥脱水试验 ·· 138

4.4　渗滤介质对污泥脱水性能的影响 ·························· 145

4.5　底部真空污泥排水数值分析 ······································ 159

4.6　本章小结 ·· 165

第 5 章　真空负压脱水技术的应用前景展望 ····················· 166

5.1　真空负压排水固结技术展望 ······································ 166

5.2　疏浚河湖底泥真空负压脱水固结技术展望 ············ 166

5.3　真空负压污泥脱水技术展望 ······································ 167

参考文献 ·· 168

第1章 真空负压脱水技术概述

1.1 引 言

真空负压脱水技术是一种利用真空环境去除物质中的水分的技术。通常使用真空泵等设备降低环境压力，从而促使水分从物质中挥发出来。真空负压脱水技术具有一些显著的优点。首先，它可以显著降低液体的沸点，从而减少热分解和氧化的可能性，提高处理后的液体质量。其次，该技术能够减少异味和有害物质的产生，使处理后的液体更加健康和安全。此外，真空环境可以加快脱水过程，提高生产效率。同时，负压操作可以降低设备的耐压要求，减少设备的成本和维护费用。这种技术常见于食品加工、化工工业、制药业等行业，用于去除各种物质中的水分，减少产品的体积和质量，延长产品的保质期，提高产品的质量、工艺效率、可控性和稳定性。具体应用领域如下：

食品加工：在食品加工行业，真空脱水技术被广泛应用于脱水食品的生产，如水果干、蔬菜干、肉制品等。通过在真空条件下降低环境压力，水分从食品中挥发出来，从而延长食品的保质期并保持其营养成分和口感。食品真空脱水如图 1-1 所示。

图 1-1 食品真空脱水

化工工业：在化工工业中，真空脱水技术常用于去除化工产品中的水分，以满足产品的质量标准和工艺要求，例如在制备药物、化学试剂等过程中的水分去除。

制药业：在制药过程中，许多药物合成或制备过程需要去除水分，以确保产品的稳定性和纯度。真空脱水技术可以有效地去除药物中的水分，提高产品的质量。

化学分析：在化学实验室中，真空脱水技术常用于去除样品中的水分，以减少水分对实验结果的影响，提高实验的准确性和可重复性。

材料加工：在一些材料加工过程中，需要将材料中的水分去除，以提高材料的性能和稳定性。真空脱水技术可以有效地去除材料中的水分，从而改善材料的特性。

生物技术：在生物技术领域，真空脱水技术常用于生物样品的处理和制备过程中。

环境工程：在环境工程领域，真空脱水技术也可用于处理污水、固体废物等，通过蒸发污泥中的水分来实现脱水，降低其含水量，便于后续处理和处置。真空脱水技术具有处理效率高、处理量大的优点。

此外，真空负压脱水技术还广泛应用于软土地基排水固结、河湖疏浚底泥脱水、工业建设工程废弃泥浆脱水、市政管道疏浚污泥脱水、水厂（自来水厂及污水处理厂）剩余污泥脱水等岩土工程领域。真空负压软基处理如图 1-2 所示。

图 1-2　真空负压软基处理

总体来说，真空负压脱水技术是一种高效、安全的脱水方法，可以提高产品的质量和工艺的可控性，促进工业生产的发展，在许多领域都有广泛的应用。随着技术的不断进步和优化，真空脱水技术将在未来发挥更大的作用。

真空负压脱水技术结合了真空负压和脱水技术，用于在真空环境下去除物质中的水分。这种技术通常涉及以下方面：

真空系统：使用真空泵等设备创建真空环境，降低压力，促使水分从物质中挥发出来。

密封技术：确保系统具有良好的密封性能，防止外部大气压力进入系统，从而影响真空效果。

脱水设备：包括各种脱水装置，如真空脱水箱、脱水罐等，用于容纳待处理物质，并在真空条件下去除其中的水分。

控制系统：监测和调节真空环境中的压力、温度以及脱水过程中的相关参数，确保脱水效果和操作安全。

安全措施：采取必要的安全措施，防止真空系统泄漏或发生其他意外情况，保障操作人员和设备的安全。

需要注意的是，真空脱水技术虽然具有诸多优点，但在实际应用中也应考虑其局限性，根据具体情况选择合适的参数和条件，以确保脱水的最佳效果和质量。

此外，还有在大型真空装置中积存水并抽真空实现的真空脱水，部分水蒸发成蒸汽排除，而这部分水吸收汽化热使其余的水降温直至结冰，余下的水只能以升华的方式缓慢蒸发，从而延长抽真空的时间。

1.2　真空负压排水固结技术概述

真空负压排水固结是一种地基加固技术，它利用真空负压原理来改善软土地基的工程性质。这项技术主要应用于土质软弱的地区，常见于土木工程、建筑工程等领域，用于改善软弱土地基的承载能力和稳定性，提高工程的安全性和可靠性。

真空负压排水固结的基本原理是在需要加固的软基中插入竖向排水通道（如砂井、袋装砂井或塑料排水板等），然后在地面铺设一层砂垫层，再在其上覆盖一层不透气的薄膜。通过真空泵抽气，在膜下形成负压环境。这个负压会沿竖向排水通道向下传递，使得土体与竖向排水通道之间产生不等压状态，进而使负压向土体中传递。在负压的作用下，孔隙水逐渐渗流到竖向排水通道中，达到土体排水固结、强度增长的效果。

真空负压排水固结技术的优点显著。首先，它不需要堆载，因此节省了大量堆载材料、能源和运输费用，同时也缩短了加固施工工期。其次，真空法所产生的负压使地基土的孔隙水加速排出，从而缩短了固结时间。此外，由于孔隙水排出，渗流速度增大，地下水位降低，进一步提高了加固效果。再者，真空预压法适用于超软黏性土地基、边坡、码头岸坡等地基稳定性要求较高的工程地基加固，土质越软，加固效果越明显。最后，真空负压排水固结所用的设备和施工工艺相对简单，便于大面积使用。

真空负压软基处理技术，通常涉及以下几个方面：

真空系统：采用真空泵等设备创建真空环境，降低软基内部的压力，促使软基中的水分和气体排出，改善软基的密实度和稳定性。

负压技术：在软基处理过程中施加负压，通过减小软基内部的压力差，促进水分和气体向外排出，达到排水固结和改良的目的。

加固材料：在软基处理过程中，通常会向软基注入适当的固化剂或加固材料，以提高软基的承载能力和稳定性。

监测与控制：对软基处理过程中的真空度、压力、水分含量等参数进行实时监测和控制，确保处理效果和施工安全。

环境保护：采取必要的措施，防止软基处理过程中的污染物外溢，保护周围环境和地下水资源。

真空预压法在我国得到了广泛的应用，特别是在天津等地区的软基工程中取得了显著的成果。该技术的成功应用不仅开创了我国乃至世界上真空预压法真正意义上应用于工程实践的先河，还使我国真空预压加固技术达到了国际领先水平，极大促进了疏浚、港口、交通、建筑等行业的发展。

近年来随着新材料和新技术的不断融合，该方法得到了进一步的改善和发展。以下是一些真空预压的新技术：

水气分离技术：在传统真空预压方法中，水气混合体往往一起排出。然而，新型的水气分离装置能够将抽取的水气混合体进行分离。这种装置通常由罐体、抽水泵、水位自动控制器和压力表组成。当罐体内的水位达到一定高度后，水位自动控制器会启动内置的抽水泵，将水抽出，实现水气分离的效果。这种技术相比传统射流泵更加节能。

合并真空和填充附加法：当超载负荷高于一定值时，如 80kPa，可以合并使用真空和填充附加法。这种方法可以加快处理速度，特别是在处理非常软的地面时，真空预压法的应用几乎可以瞬间达到 80kPa 的真空压力，解决不稳定的问题。

新材料的应用：随着新材料的发展，如新型密封材料和排水材料等，这些材料的应用可以进一步提高真空预压法的效率和质量。

总之，真空预压法的新技术不断涌现，为地基加固提供了更多选择和可能性。随着科技的进步和研究的深入，相信未来真空预压法还会有更多的创新和突破。

1.3 真空负压疏浚河湖底泥脱水技术概述

真空负压疏浚河湖底泥脱水技术是一种利用真空负压原理对河湖底泥进行脱水处理的高效技术。通过该技术，可以实现对河湖底泥中多余水分的有效去除，使其转变为含水量较低的泥饼，方便后续的运输和处理。

真空负压疏浚河湖底泥脱水技术的核心原理是利用真空泵产生负压环境，通过特定的过滤介质（如滤布），将底泥中的水分抽吸出来。当底泥被置于这种负压环境中时，其内部水分在压力差的作用下，会通过过滤介质被抽出，从而实现底泥的脱水。

该技术主要应用于河流、湖泊等水域的底泥处理。当河湖底泥因长期沉积导致含水量过高，影响水质或需要进行清理时，该技术可以作为一种有效的处理方法。

真空负压河湖底泥脱水技术存在的问题：

（1）过滤介质堵塞：在脱水过程中，底泥中的颗粒可能会堵塞过滤介质，影响脱水效果。需要定期更换或清洗过滤介质，保持其通畅性。同时，需要选择更耐用的过滤材料来减少堵塞的可能性。

（2）能耗问题：真空负压脱水需要消耗一定的能源，尤其是在处理大量底泥时，能耗问题更为突出。需要优化设备设计，提高能源利用效率；研究新型的节能技术，降低能耗成本。

（3）处理效率：对于大规模的底泥处理项目，如何提高处理效率是一个重要问题。需要采用自动化、智能化的设备和技术，提高脱水设备的处理能力和效率；同时，合理安排工作流程，减少不必要的等待时间。

真空负压河湖底泥脱水技术是一种高效、实用的底泥处理方法。通过脱水处理，底泥的体积可以大幅减小，从而降低了运输和处置的成本。脱水后的泥饼含水量低，不易产生二次污染，有利于后续的处置和利用。此外，脱水处理还能够去除底泥中的部分有害物质，改善河湖水质，保护水生态环境。

1.4 真空负压废弃泥浆脱水技术概述

真空负压废弃泥浆脱水技术是一种环保型的废弃泥浆处理方法，通过利用真空负压的原理，有效去除泥浆中的多余水分，实现泥浆的减量化和稳定化。该技术不仅提高了处理效率，还降低了处理成本，广泛应用于工业建设工程等领域。

真空负压废弃泥浆脱水技术的核心原理在于利用真空负压环境，使泥浆中的水分在压力差的作用下迅速排出。具体来说，当泥浆被置于真空负压环境中时，其内部水分受到外部负压的吸引，通过特定的过滤介质（如滤布）被抽吸出来，从而达到脱水的目的。同时，由于泥浆中的固体颗粒较大，不易通过过滤介质，因此能够在脱水过程中被有效地保留下来。

真空负压废弃泥浆脱水技术广泛应用于工业建设工程中的废弃泥浆处理。例如，在土木工程施工、隧道施工、矿山开采等领域，产生的废弃泥浆量大且难以处理，该技术能够高效去除泥浆中的水分，降低其体积和质量，便于运输和后续处理。此外，该技术还可应用于环保领域，对含油泥浆、化工废水等有害物质进行脱水处理，实现资源的回收和环境的保护。

真空负压废弃泥浆脱水技术高效节能、环保安全、适应性强。能够迅速抽吸泥浆中的水分，脱水效率高，同时能耗相对较低；处理过程中不产生二次污染，对环境友好，且操作安全可靠；适用于不同种类和浓度的废弃泥浆处理，具有较强的适应性。

真空负压废弃泥浆脱水设备成本较高，真空负压脱水设备相对较为昂贵，对于小型企业或个人来说可能存在一定的经济压力。

真空负压废弃泥浆脱水技术操作维护要求较高，脱水设备的操作和维护需要一定的专业技能和经验，不当的操作可能导致设备损坏或脱水效果不佳。

综上所述，真空负压废弃泥浆脱水技术是一种高效、环保的废弃泥浆处理方法，具有广泛的应用前景。在实际应用中，应根据具体情况选择合适的设备和工艺，并加强操作和维护管理，以确保脱水效果和处理效率。

1.5　真空负压污泥脱水技术概述

真空负压污泥脱水技术是一种高效、环保的污泥处理技术，它利用真空负压原理，通过抽取污泥中的水分，实现污泥的脱水和减量化。该技术通过创建真空环境，使污泥中的水分在负压的作用下迅速蒸发，从而达到脱水的目的。这种技术具有处理量大、能耗低、脱水效果好等优点，广泛应用于市政污泥、工业污泥等各类污泥的处理。

真空负压污泥脱水技术通常包括以下几个步骤：

（1）真空系统：使用真空泵等设备创建真空环境，降低污泥中的压力，促使水分从污泥中挥发出来。

（2）负压脱水：在真空环境下，通过施加负压，加速水分从污泥中排出，实现污泥脱水的目的。

（3）固液分离：将脱水后的污泥进行固液分离，将固体污泥和剩余的水分分离开来，得到较干燥的固体污泥。

（4）处理后污泥：经过脱水处理后的污泥通常体积更小，含水量更低，便于后续的处置和利用，如焚烧、填埋、肥料制备等。

真空负压污泥脱水技术能够在相对较低的温度下实现脱水，有效避免污泥中有机物的热分解和氧化，有利于保持污泥的稳定性和处理效果。该技术操作相对简单，设备结构紧凑，占地面积小，适用于各种规模的污泥处理场所。此外，真空负压污泥脱水技术还具有处理效率高、能耗低、无二次污染等优点。

在实际应用中，真空负压污泥脱水技术通常与其他污泥处理工艺相结合，以达到更好的处理效果。例如，可以将污泥先进行物理、化学、生物预处理，去除其中的杂质和粗大颗粒，然后再进行真空负压脱水。同时，针对不同的污泥类型和处理要求，还需要对设备参数和工艺条件进行优化和调整，以确保最佳的脱水效果和经济效益。

但是，真空负压污泥脱水技术虽然具有诸多优点，但在实际应用中仍需考虑一些因素。例如，污泥的成分和性质会影响脱水效果，因此需要对污泥进行充分的分析和测试。此外，设备的维护和保养也是确保该技术稳定运行的关键。

1.6　本章小结

本章首先介绍了真空负压脱水技术概念、原理、优点、应用领域，以及真空负压脱水系统的组成。然后，分别概述了真空负压排水固结技术及发展、真空负压河湖底泥脱水技术、真空负压废弃泥浆脱水技术、真空负压污泥脱水技术。本章内容让读者对真空负压脱水技术及其应用有一个大致了解。本章内容主要是该技术在岩土工程领域的应用概述，为后面的章节内容做好铺垫。

第2章 真空负压排水固结技术

2.1 土体排水固结原理

土体排水固结由排水系统和加压系统两部分共同组合而成，如图 2-1 所示。

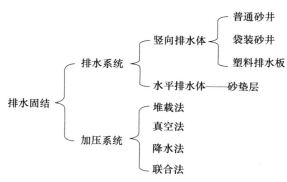

图 2-1 排水固结系统构成

设置排水系统主要目的在于改变地基原有的排水边界条件，缩短排水距离。当工程中存在有一定厚度、透水性很差的软土层时，可在地基中设置砂井或塑料排水带等竖向排水井，地面连以排水砂垫层，构成排水系统。

加压系统，即施加起固结作用的荷载。它使土中的孔隙水产生压差而排出使土固结。如果没有加压系统，土体就不会产生固结。反之，如不缩短土层的排水距离，则不能在预压期间尽快完成固结，土的强度不能及时提高。因此，在排水固结设计中，必须把排水系统和加压系统联系起来考虑。

排水固结法的原理是软土地基在荷载作用下，土体孔隙中的水被慢慢地排出，孔隙体积逐渐减小，地基产生固结变形。同时，随着超静水压力的逐渐消散，有效应力得到提高，地基强度也逐渐增长，以图 2-2 为例说明。

当天然固结土压力为 σ_0 时，其孔隙比为 e_0，在 $e-\sigma$ 坐标上其相应的点为 a 点，当压力增加 $\Delta\sigma$，固结终了时，变为 c 点，孔隙比减小 Δe，曲线 $\overset{\frown}{abc}$ 称为压缩曲线。与此同时，抗剪强度与固结压力成比例地由 a 点提高到 c 点，所以，土体在受压固结时，一方面孔隙比减小产生压缩，一方面抗剪强度也得到提高。如从 c 点卸除压力 $\Delta\sigma$，则土样发生膨胀，图中 $\overset{\frown}{cef}$ 为卸荷膨胀曲线。如从 f 点再加压 $\Delta\sigma$，使土样发生再压缩，沿虚线变化到 c'，其相应的强度包络线如图 2-2 所示。从再压缩曲线 $\overset{\frown}{fgc}$ 可看出，固结压力同样从 σ_0 增加 $\Delta\sigma$，而孔隙比减小值为 $\Delta e'$，$\Delta e'$ 比 Δe 小很多。这说明如果场地先加一个压力进行预压，使土层固结（相当于在压缩曲线上从 a 点变化到 c 点），然后卸除荷载

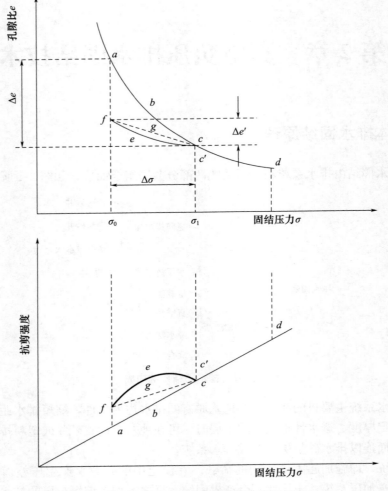

图 2-2　排水固结法增大地基土密度的原理

（相当于在膨胀曲线上由 c 点变化到 f 点），再建造建筑物（相当于在压缩曲线上从 f 点变化到 c' 点），这样，建筑物所引起的沉降可大大减小。如果预压荷载大于建筑物荷载，即所谓超载预压，则效果更好，因为，经过超载预压，当土层的固结压力大于使用荷载下的固结压力时，原来的正常固结黏土层将处于超固结状态，而使土层在使用荷载下的变形大为减小。

　　土层的排水固结效果和它的排水边界条件有关。如图 2-3（a）所示的排水边界条件，即土层厚度相对荷载宽度（或直径）来说比较小，这时土层中的孔隙水向上下面透水层排出而使土层发生固结，这称为竖向排水固结。根据固结理论，黏性土固结所需的时间和排水距离的平方成正比，土层越厚，固结延续的时间越长。

　　为了加速土层的固结，最有效的方法是增加土层的排水途径，缩短排水距离。砂井、塑料排水板等竖向排水井就是为此目的而设置的，如图 2-3（b）所示。这时土层中的孔隙水主要从水平向通过砂井和部分通过竖向排出，砂井缩短了排水距离，因而大大加速了地基的固结速率，这一点无论从理论上还是工程实践上都得到了证实。

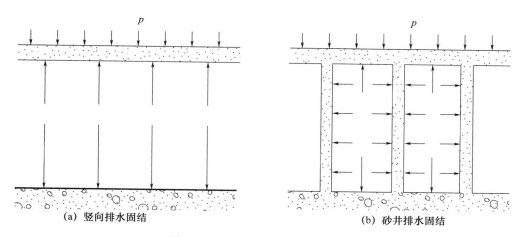

（a）竖向排水固结　　　　　　（b）砂井排水固结

图 2-3　排水固结的排水路径示意图

在荷载作用下，土层的固结过程就是孔隙水压力消散和有效压力增加的过程。如地基内某点的总应力增量为 $\Delta\sigma$，有效应力增量为 $\Delta\sigma'$，孔隙水压力增量为 Δu，则三者应满足以下关系：

$$\Delta\sigma' = \Delta\sigma - \Delta u$$

目前排水固结法最常用的处理方式有三种：即堆载预压、真空预压以及真空-堆载联合预压法。

2.2　堆载排水固结原理

堆载预压法是工程上广泛使用行之有效的方法。堆载一般用填土、砂石等散体材料对地基进行预压。对堤坝、堆场等工程，则以其本身的质量有控制地分级逐渐加载，直至设计标高。

堆载预压法为直接用填土等外加荷载对地基进行预压，通过增加总应力 $\Delta\sigma$，并使孔隙水压力 Δu 消散而增加有效应力 $\Delta\sigma'$ 的方法。图 2-4 为堆载预压法加固软基示意图。

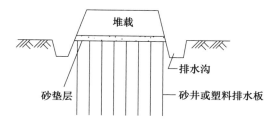

图 2-4　堆载预压法加固软基示意图

通常堆载预压有两种情况：①在建筑物建造之前，在场地先进行堆载预压，待建筑物施工时再移去预压荷载。通过预压，建筑物使用期间的沉降大大减小。②超载预压。对机场场道、高速公路或铁路路堤等建筑物，在预压过程中，将一超过使用荷载 P_f 的超载 P_s 先加上去，待沉降满足要求后，将超载移去，再建造路面或铺设轨道，以满足施工后沉降的要求。

在饱和软土地基上堆载预压后，孔隙水被缓慢排出，孔隙体积逐渐减小，土体压缩，地基发生固结变形，土体密实度和强度随之提高。固结过程就是孔隙水压力消散、有效应力增长和土体逐渐压密的过程。也就是说根据太沙基有效应力原理 $\sigma = \sigma' + u$，堆载预压处理软土地基，是通过增加总应力，使得 $\Delta\sigma > 0$。在地基中产生超静孔隙水压 Δu，加载初期 $\Delta u = \Delta\sigma$，$\Delta\sigma' = 0$，随着超孔隙水压力的消散，有效应力不断增大，当孔压消散为零时，固结完成，$\Delta\sigma = \Delta\sigma'$，$\Delta u = 0$，如图 2-5 所示。

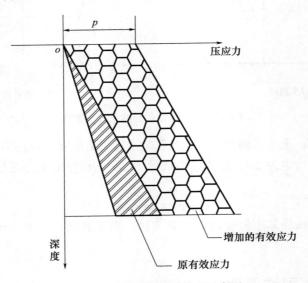

图 2-5　堆载预压加固机理示意图

如图 2-6 所示，用图中 D 圆代表该单元体的应力状态，$\sigma'_{30} = K_0\sigma'_{10}$，平均有效应力用 $p'_0 = (\sigma'_{10} - \sigma'_{30})/2 = (1 - K_0)\sigma'_{10}/2$ 近似表示，它所对应的抗剪强度为 E 点的纵坐标 τ_0。堆载预压时产生竖向附加应力和水平向的附加应力以及超孔隙水压力，随着超孔隙水应力的消散，土体逐渐固结，有效应力圆到达图中 D' 圆。

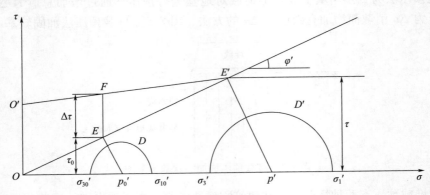

图 2-6　堆载预压加固地基强度的增长

此时，有效应力状态为：

$$\sigma'_1 = \sigma'_{10} + \Delta\sigma'_1 \tag{2-1}$$

$$\sigma'_3 = \sigma'_{30} + \Delta\sigma'_3 \tag{2-2}$$

近似

$$\sigma_3' = K_0\sigma_{10}' + K_0\Delta\sigma_1' = K_0\ (\sigma_{10}' + \Delta\sigma_1') \qquad (2\text{-}3)$$

$$\Delta u = 0 \qquad (2\text{-}4)$$

$$p' = (\sigma_1' + \sigma_3')\ /2 = (1 + K_0)\ (\sigma_{10}' + \Delta\sigma_1')\ /2 \qquad (2\text{-}5)$$

这时平均有效应力 p' 对应的抗剪强度已经提高到了 E'。这一过程属于正常固结的过程，当外荷卸除后，土体由正常状态变为超固结状态，抗剪强度将沿着超固结土的强度包络线下降到 F 点。因此整个过程中，土体抗剪强度由 E 提高至 F，并且超固结土在相同外荷作用下会比正常固结土的压缩沉降量小。

2.3　真空负压排水固结原理

2.3.1　概述

真空负压排水固结就是在需要加固的软基中插入竖向排水通道（如砂井、袋装砂井或塑料排水板等），然后在地面铺设一层砂垫层，再在其上覆盖一层不透气的薄膜。在膜下抽真空形成负压（相对大气压而言），负压沿竖向排水通道向下传递，土体与竖向排水通道的不等压状态又使负压向土体中传递，在负压作用下，孔隙水逐渐渗流到竖向排水通道中，从而达到土体排水固结、强度增长的效果，如图 2-7 所示。

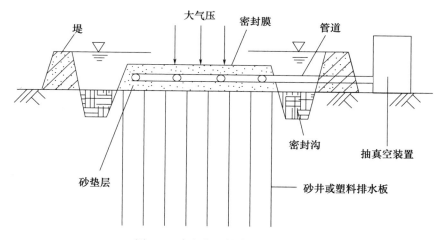

图 2-7　真空负压排水固结示意图

真空负压排水固结由排水系统、加压系统和密封系统三部分共同组成，如图 2-8 所示。

1）排水系统

（1）作用：①通过该系统，尽量提高土体的负压值，且将负压值均匀地传递到土体的各处。其实质是负压边界区。②该系统将加固土体中的水分和气体排出系统外，起到了固结排水的作用。

（2）构成：由真空滤管、水平传压排水通道、竖向传压排水通道组成。

①真空滤管：铺设真空滤管可以减少真空度在砂垫层中的损失，保证砂垫层在整个

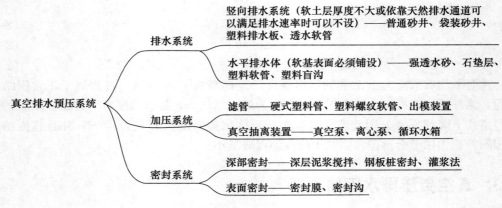

图 2-8　真空负压加固法构成

平面内真空度分布的均匀性。真空滤管由主管道和次滤管组成，主管道保证真空度的均匀性，次滤管保证真空度不会有明显损失。

②水平传压通道：此部分保证了平面内传压效果的均匀性。它也连接射流泵和各个竖向排水通道。

③竖向排水通道：它的设置可以使排水速度大大加快，且作为真空度的负压边界区的存在。

2）加压系统

（1）作用：为达到降低孔隙水压力的效果，设置加压系统。此系统作为真空负压法必须设置装置。

（2）装置：现而今抽取真空的装置随着科技的日新月异效果大大加强。真空泵、射流泵都高效节能且效率极高。

3）密封系统

（1）作用：防止土体的四周及上下表面漏气，达到加固区的气密性。提高加固区的真空度，最大限度地降低孔隙水压力。

（2）构成：由密封膜、膜上覆水、密封沟、水泥旋喷密封层组成。

真空负压加固土体是在等向压力下固结的（图 2-9），在土体孔隙中形成的超孔隙水应力是负值，$\Delta u < 0$，地基内有效应力增加各向相等，地基在竖向压缩沉降的同时，侧向产生向内的收缩位移，地基在预压过程中不发生失稳破坏。

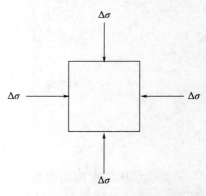

图 2-9　真空负压荷载受力图

真空负压加固法中，传统观点认为加固的整个过程中总应力不变，即在（$\Delta \sigma = 0$）的情况下发生发展。加固中降低的孔隙水压力就等于增加的有效应力，如图 2-10 所示。

即

$$\Delta \sigma' = -\Delta u \qquad (2\text{-}6)$$

$$\Delta \sigma = \Delta \sigma' + \Delta u = 0 \qquad (2\text{-}7)$$

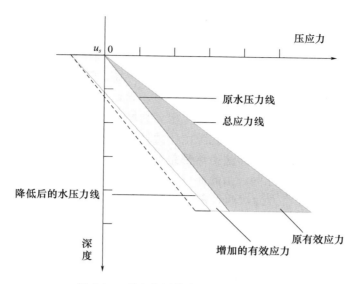

图 2-10　真空负压排水固结机理示意图

式中：Δu_s——超孔隙水应力，小于 0。

在加固前，土体中任意一点的有效应力圆可用图 2-11 中的 D 圆表示，与其相对应的强度可近似用其平均应力 p'_0 对应的强度 τ_0 来表示。

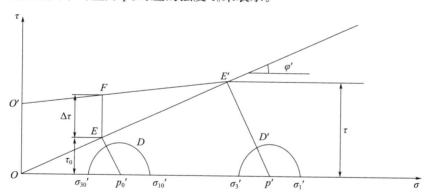

图 2-11　真空负压法排水固结地基强度增长示意图

增加的负超孔隙水应力转化为有效应力。在加荷末期，土中的孔隙水应力降低到最低，土体主固结完成。此时，该点的有效应力圆可用图 2-11 中的 D' 圆表示，与其相对应的强度可近似用其平均应力 p' 对应的强度 τ 来表示。由图 2-10 可知，在真空负压过程中，有效应力圆的直径不变，位置沿横轴向右移动，逐渐远离破坏线，直至到达 D' 圆位置。在加固过程中不会出现地基失稳的情形，所以不必控制加荷速率，可连续抽真空至最大真空度。当真空卸去后，被加固的土体由正常固结状态变成超固结状态，土的强度沿超固结强度线 $E'O'$ 返回到 F 点，F 点比 E 点有更高的强度。因此，经过真空负压，被加固的土体的强度得到了提高。

2.3.2 真空负压与堆载预压的异同比较

在堆载预压时，由于堆载的作用，在土体中形成一个附加应力场，这个附加应力场开始时由孔隙水承担，即形成了一个超静孔隙水压力场，随着孔隙水的排出，超静孔隙水压力场消散，超静孔隙水压力转化为有效应力，导致土体变形和强度增加。堆载预压的效果由超静孔隙水压力场的大小和分布决定，与堆载的大小、分布以及土体力学性质有关。堆载预压下固结的快慢由超静孔隙水压力场的消散决定，与排水条件、土体渗透系数有关。真空负压法和堆载预压法虽然都是通过减小孔隙水压力而使土的有效应力增加，但两者的加固机理并不相同，由此而引起的地基变形、强度增长的特性和影响因素也不尽相同，表2-1从几个方面对两者之间的异同进行了比较。

表 2-1 真空负压与堆载预压的异同点

项目	堆载预压	真空负压
土中应力	总应力增加，随着超静孔隙水压力的消散而使有效应力增加	总应力不变，随着相对超静孔隙水压力的消散而使有效应力增加
剪切破坏	加载过程中剪应力增加，可能引起土体剪切破坏（图2-12）	抽真空过程中，剪应力不增加，不会引起土体剪切破坏（图2-13）
加载速率	需控制加载速率（图2-12）	不必控制加载速率（图2-13）
侧向变形	加载时预压区土体产生向外的侧向变形	加载时预压区土体产生指向预压区中心的侧向变形
地下水位	地下水位不变化	地下水位降低
处理深度	主要与堆载面积和荷载大小有关	与抽真空作用强度、竖向排水体、土的孔隙分布情况以及边界条件有关
固结速度 强度增长	与土的渗透系数、竖向排水体以及边界排水条件有关	与土的渗透参数、竖向排水体以及边界排水条件有关

在堆载预压中，如图2-12可知，若一次施加的总应力过大，当有效应力增长较慢时，则土体极易达到破坏包络线 k_f，从而发生失稳剪切破坏。因此，一定要控制加载荷的速率，让土体的强度增长远远大于剪应力的增长。所以，堆载预压必须进行分级加载。

真空负压排水固结，如图2-13所示，其应力圆仅发生位移，半径并未增长，这说明土体中的剪应力并未变化，其有效应力路径为从 b 点出发平行于 p 轴的射线，加固中就不会出现地基失稳的现象，不用施行分级加载，这体现了真空负压排水固结的优越性。

根据土力学基本原理，土体受力后会有明显的塑性体积变形。由图2-14可以看出，不可恢复的塑性体积应变比弹性体积应变更大，这一点与金属不同，金属被认为是没有塑性体积变形的。对于土体材料，体积应力不仅引起体积应变，而且引起剪应变；剪应力不仅引起剪应变，而且引起体积应变，存在"交叉影响"。

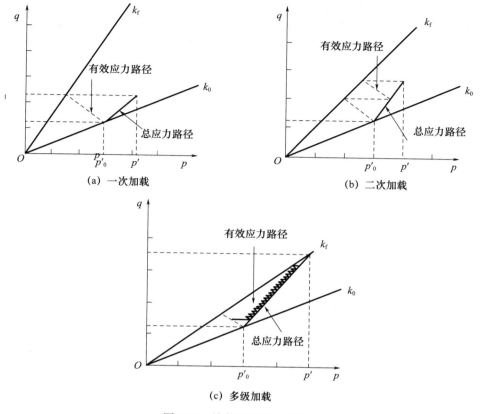

图 2-12　堆载预压应力路径

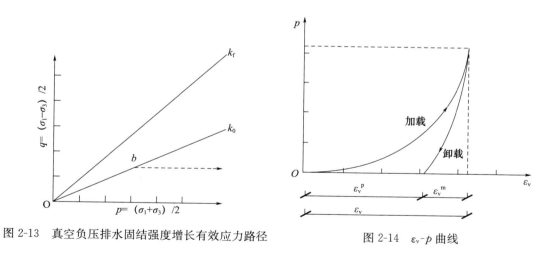

图 2-13　真空负压排水固结强度增长有效应力路径　　　　图 2-14　ε_v-p 曲线

　　从应力路径分析，如图 2-13 所示，当土体四周均匀加压时，应力路径是沿着 p 轴或平行于 p 轴移动，对应的变形是均匀压缩，宏观上，土样只产生体积变形，而无畸变发生，如图中 p 轴所示；当土体单向压缩时，应力路径沿着 k_0 线移动，土样只有竖向变形而无侧向变形，土体主要产生体积压缩，但也有一些畸变发生；当土体单向无侧限压缩时，应力路径沿着 k_f 线移动，土体主要产生畸变变形，但也有一些体积变形，土体发生剪切破坏。沿 p 轴的路径线，土体竖向应变与侧向应变相等，相当于真空负压；从 p 轴向逆时针方向至 k_0 线之间的路径线，竖向压缩变形逐渐增大，侧向压缩变形逐渐减少至零，相当于真空联合堆载预压；过了 k_0 线，土体压缩变形继续增大，而侧向变成膨胀变形，相当于堆载预压，当堆载预压达到 k_f 线时，土体侧向剪切挤出破坏，土体失稳。所以，从土体的变形来看，真空负压加固土体不仅产生竖向压缩变形，而且产生侧向压缩变形，土体向加固区收缩。

2.3.3 真空负压排水固结强度增长机理的微观解释

从微观上看，无论堆载预压、真空负压还是真空-堆载联合预压都是土体结构不断调整重组的过程。就真空负压而言，真空压力直接作用在土体中的水气流体上，而不是直接作用在土体骨架或颗粒上。在真空负压最初期，土体排水量很大，但沉降甚微，说明土体中的自由水和气被抽出，但由于土体颗粒之间的黏聚力、排斥力、接触点支撑力，土体中的有效应力增加但未发生变形，随着水气的抽出及时间的持续，土体颗粒间的孔隙逐渐增大，因而土体颗粒发生错位重新排列，使得土体的有效应力和变形增加，这是由于外因而导致其内部"自发"调整的一个过程，使得土体密实而得以加固，土体抗剪强度增加。在整个加固过程中只是土体颗粒的重新排列和充填，而土体颗粒不会发生破碎，因而一次加载也不会出现破坏现象，同时由于其变形为内部"自发"调整，在宏观上表现为塑性变形；当停止抽气时，水存在一个回灌的过程，使得现场中的地下水位升高，土体颗粒仍然处于调整状态，由于水位的上升，土样的含水量增加，由于土体颗粒未发生破碎充填，颗粒之间仍然有一定的孔隙使水得以进入，使得部分土体由湿容重转化为浮容重，土颗粒之间的黏聚力减小，使得加固后的抗剪强度有所下降；同时颗粒之间并未有重新错动的过程，即土体发生的为塑性变形，从而表现出真空负压在卸载时回弹量很小的特征。

堆载预压是土体在上部施加荷载迫使其微细颗粒和土体结构发生调整变化的过程，在这个过程中，外部荷载直接作用在土体骨架或颗粒上，土体颗粒是被动重组排列，并在其中伴随着微细颗粒破碎和充填，因而当荷载过大时会出现破坏现象，在此过程中，由于骨架的压缩而导致孔隙水被挤出，这两点是真空负压和堆载预压在结构调整上最本质的差别。在固结过程中，土体中的地下水位并未发生变化，同时由于在向外挤出的过程中土体中的气泡无法排出，使得固结速度较真空负压缓慢。但其由于颗粒存在重新排列和破碎充填，使得土体更为紧密，从而具有较大的沉降和较高的强度增长。而在真空-堆载联合预压过程中，土体中既存在正压下的被动重新排列和破碎充填过程，又存在负压条件下土体中的水和气被抽出土体颗粒发生"主动"重新排列的过程，将真空负压和堆载预压的优点结合了起来，土体被压缩得更为密实，沉降量更大，土体的物理力学性质得以更好地改善和提高，强度增长更大，因而具有更好的加固效果。

从室内试验结果可知，真空负压试验采用柔性膜和刚性膜，二者的加固效果相差很大，这表明真空负压加固效果与是否施加外力关系密切，即在加固中，抗剪强度的增长，不仅仅与孔隙水的排出有关，更主要的与土体颗粒的重新排列和充填情况有关。

2.3.4　真空负压排水固结地下水位变化的分析

表 2-2 为若干真空负压工程地下水位降低情况的统计，真空负压加固地基造成地下水位的降低一般在 1.33～5.5m 之间。该工程统计数据说明真空负压加固地基时，地下水位实际上是下降的。

表 2-2　真空负压水位下降实例

序号	工程名称	地下水位下降情况
1	黄岩污水处理厂软基处理	3.0～4.0m
2	椒江污水处理厂真空负压地基处理	2.0～3.0m
3	台州路桥污水处理厂软基处理工程	1.5m
4	天津新港四港池后方软土地基加固	加固区外地下水位下降 1.0m 以上
5	落马洲水闸地基处理加固	5.0m 左右
6	杭金衢高速公路软基处理（K32＋281.0～K32＋910.0）	2.0～4.0m
7	杭金衢高速公路娄下陈段软基处理（K5＋281.0～K5＋934.3）	加固区内 5.5m 左右，加固区外水位基本不变
8	高志义等（1988）：真空负压加固软基离心模型试验	推算得到地下水位下降 2.5m 左右
9	路桥至泽国一级公路桥头段真空联合堆载预压法处理软基试验段（K0＋657～K0＋729）	3.0～4.5m
10	浦东机场第三跑道真空负压处理软基试验段	3.0～5.0m
11	威孚金宁联合厂房软基处理	3.5m

从整个真空负压的过程来看，真空渗流场和真空负压的传递并不是人们所想象的随着深度均匀且水平传递的。工程实际结果表明，真空负压初期加固区内地下水位下降较快，之后处于相对稳定下降状态，停止抽真空后地下水位快速回升。在此期间，加固区外的地下水不断向加固区内渗流补给，形成了一个以加固区为中心的一定范围的降水，直到加固区内外水位趋于动态平衡为止，如图 2-15 所示。

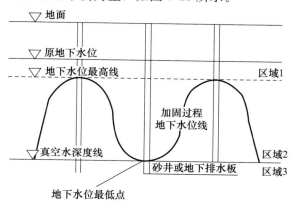

图 2-15　真空负压过程地下水位的变化

综上所述，真空负压达到了相对平衡的状态之后真空负压区域呈现的是一个近似漏斗状的地下水位状态，竖向排水系统节点所在处即为地下水位最低点，相较于固结排水之前，此处的地下水位是下降最大的位置，是地下水位下降的极限值。

高志义教授以静水压力为零的线作为地下水位线，并据此分析了地下水位测试的 6 个因素，提出了地下水位降低与升高的必要与充分条件；并从 5 个方面证明了真空负压时地下水位是不变的。

1）地下水位测试的影响因素

（1）欠固结土的影响：如图 2-16 所示，欠固结土层初始孔隙水压力线和初始地下静水压力线不一致，计算时应消除；因为它并非真正的真空负压降低水位线。

（2）地基加固沉降的影响：泥面下 2m 为初始地下水位线，假设地基总沉降 1.8m，0～2m 沉降 0.3m，若地下水位不变，则地下水位标高也随之下降 1.5m。必须及时消除固结沉降的影响。

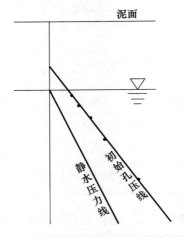

图 2-16　欠固结地基土加固前孔压线

（3）测试方法的影响：原水位测管口封闭其内作用着的压力，采用敞口测试法，当敞口瞬间大气压力迅速作用在孔隙水上，地下水位必然迅速降低。

（4）高压水冲法成孔对水位测试的影响：高压水冲法成孔会人为增大土体初始孔压，这种影响需要很长时间才能消散。

（5）水位测管内部真空度与实际不符。

（6）水位测管内部可能漏气，等于人为降低地下水位。

2）地下水位变化的条件

（1）地下水位降低的条件分析。

研究地下水位降低的条件，也是研究降水范围内土体由饱和二相土变为非饱和三相土的条件，即研究气体可以进入孔隙的条件。

①土体孔隙上无新增应力的情况：当土体孔隙中的水被排出时，在孔隙上无新增应力的条件下，即孔隙上无压缩应力增加时，气体就能进入孔隙中，从而变为非饱和土。

②土体孔隙上存在新应力增量的情况：真空负压孔隙压力不断增加，$\Delta\sigma_1 = \Delta\sigma_2 = \Delta\sigma_3$ 也不断增加，孔隙水逐渐排出，孔隙缩小。只有旁边气体压力增量大于 $\Delta\sigma_1$ 时，气

体才有可能进入孔隙。

（2）地下水位降低与升高的条件。

根据上述分析，得到地下水位升高和降低的条件，如图 2-17 所示。

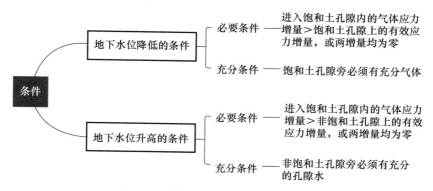

图 2-17　地下水位升高和降低的条件

3）真空负压时地下水位是不变的

（1）真空负压始终都降低作用于孔隙水上的大气压力，并全部转化为有效应力，从而使土体固结。在这一过程中，静水压力并未降低；另外，真空负压区的孔压一直降低，并使影响区孔压也一直降低。而大气压力始终未能进入加固区，故无气体供给也无其他力使静水压力降低。

（2）实际中，真空负压地下水位上升和下降的条件均不成立。

（3）采用新型装置实测地下水位的验证表明地下水位不变。

（4）真空负压前后土体饱和度不变。

（5）实践证明，若真空负压兼有降水的作用，则监测资料必有所反映；而深层位移在地下水位以下的土层，未看出向外挤压的迹象。

2.4　砂井固结分析方法

2.4.1　砂井固结问题的一般分析方法

赵维炳采用广义 Voigt 模型，假设地基中发生侧向变形（变形维数 $n=3$），不考虑未扰动区内双向渗流的耦合作用，利用式（2-8）得到未振动区基本固结方程。对于涂抹区，假设涂抹区不可压缩（$\partial\Theta/\partial t=0$），只有水平向渗流，则式（2-8）左边第二项等于零，右边也等于零后就转化为涂抹区的基本固结方程。井阻区的固结方程仍旧不变。然后结合涂抹区和未扰动土区接触面上孔压和流量连续的条件、初始条件和顶部透水、底部不透水条件，得到 z 深度处平均孔压为：

$$\frac{k_{\mathrm{h}}}{\gamma_{\mathrm{w}}}\left(\frac{\partial^2 u}{\partial r^2}+\frac{1}{r}\frac{\partial^2 u}{\partial r}\right)+\frac{k_{\mathrm{v}}}{\gamma_{\mathrm{w}}}\frac{\partial^2 u}{\partial z^2}=m_{vn}\frac{\partial\Theta-n\partial u}{\partial t}=-\frac{\partial\varepsilon_{\mathrm{v}}}{\partial t} \tag{2-8}$$

$$\overline{u_{\mathrm{w}}}=u_{\mathrm{w0}}\sum_{m=1,3,\cdots}^{\infty}\frac{4}{m\pi}\sin\frac{m\pi z}{2H}\mathrm{e}^{-K_m t} \tag{2-9a}$$

$$u_{wz} = u_{w0} \sum_{m=1,3,\cdots}^{\infty} \frac{4}{m\pi} \frac{K_h}{K_{mw}+K_h} \sin\frac{m\pi z}{2H} e^{-K_m t} \tag{2-9b}$$

$$K_m = K_{mv} + \frac{K_h}{1+K_h/K_{mw}}$$

$$K_{mv} = \frac{m^2\pi^2 k_v}{4m_v\rho_w g H^2}$$

$$K_{mw} = \frac{m^2\pi^2 k_w}{4m_v\rho_w g\ (n^2-s^2)\ H^2}$$

$$K_h = \frac{2k_h}{m_v\rho_w g\mu r_e^2}$$

$$\mu = \frac{n^2}{n^2-s^2}\ln\frac{n}{s} - \frac{3n^2-s^2}{4n^2} + \frac{n^2-s^2}{n^2}\frac{k_h}{k_s}\ln s$$

式中：$\overline{u_w}$——砂井以外某一水平面的平均孔隙压力；

$\quad u_{wz}$——井内孔隙压力；

$\quad k_h$、k_v——软土的水平向和竖向渗透系数；

$\quad k_s$——涂抹区扰动土的水平渗透系数；

$\quad k_w$——砂井内的渗透系数。

不考虑井阻时，$k_w=\infty$，$K_{mw}=\infty$，$K_m=K_h$，式（2-9a）可简化为

$$\overline{u_w} = u_{w0} e^{-K_h t} \tag{2-10}$$

从而可得土体中任一位置的孔隙压力为：

$$u_w = \frac{1}{\mu}\left[\ln\left(\frac{r}{sr_w}\right) - \frac{1}{2}\left(\frac{r}{nr_w}\right)^2 + \frac{1}{2}\frac{s^2}{n^2}\right]\exp\left(-2\frac{C_v t}{n\mu r_w^2}\right) \tag{2-11}$$

地基 z 深度处平均固结度为

$$U = 1 - \frac{u_z}{u_0} = 1 - \sum_{m=1}^{\infty}\frac{2}{M}\sin\left(\frac{Mz}{h}\right)e^{-B_a t} \tag{2-12}$$

地基整体平均固结度为：

$$\overline{U} = 1 - \sum_{m=1}^{\infty}\frac{2}{M^2}e^{-B_a t} \tag{2-13}$$

式中：$B_a = \dfrac{M^2 C_v}{h^2} + \dfrac{M^2 n^2\mu}{M^2 n^2\mu + (n^2-s^2)G}\dfrac{2C_h}{r_e^2\mu}$

$$G = \frac{2k_h h^2}{k_w r_w^2}; \quad \mu = \frac{n^2}{n^2-s^2}\ln\left(\frac{n}{s}\right) - \frac{3n^2-s^2}{4n^2} + \frac{k_h}{k_s}\frac{n^2-s^2}{n^2}\ln s$$

$$M = \frac{2m-1}{2}\pi \ (m=1,\ 2,\ 3,\ \cdots)$$

2.4.2 砂井地基真空负压方程及其解答

如图 2-18 所示，式（2-14）为圆柱体坐标（z，r）的三维固结微分方程，式中水平向的固结系数 c_h 不等于竖向的固结系数 c_v：

$$\frac{\partial u}{\partial t} = c_h\left(\frac{\partial^2 u}{\partial r^2} + \frac{1}{r}\frac{\partial u}{\partial r}\right) + c_v\frac{\partial^2 u}{\partial z^2} \tag{2-14}$$

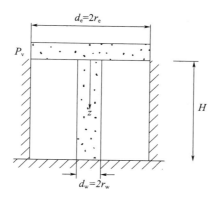

图 2-18　真空负压砂井固结模型

边界条件和初始条件为：

$r=r_0$，$\dfrac{\partial u}{\partial r}=0$；$r=r_w$，$u=p_v$；$z=0$，$u=p_v$；$z=H$，$\dfrac{\partial u}{\partial r}=0$；$t=0$，$u=0$。

式（2-14）用变量分离法求解，即分为径向固结和竖向固结：

$$\frac{\partial u_r}{\partial t}=c_h\left(\frac{\partial^2 u}{\partial r^2}+\frac{1}{r}\frac{\partial u}{\partial r}\right);\ \frac{\partial u_z}{\partial t}=c_v\frac{\partial^2 u}{\partial z^2} \tag{2-15}$$

在砂井地基固结解答基础上，采用变量替换，由边界条件和式（2-15）左式可以得到等应变假设条件下真空负压离砂井中心轴线 r 处的孔隙水压力为：

$$u_r=p_v-\frac{4p_v}{d_e^2 F(n)}\left[r_e^2\ln\left(\frac{r}{r_w}\right)-\frac{r^2-r_w^2}{2}\right] \tag{2-16}$$

地基任一深度径向孔隙水压力平均值为：

$$\overline{u_r}=p_v-p_v e^{-\frac{8}{F(n)}T_h} \tag{2-17}$$

地基任一深度径向固结度为：

$$U_r=1-e^{-\frac{8}{F(n)}T_h} \tag{2-18}$$

式中：$F(n)=\dfrac{n^2}{n^2-1}\ln(n)-\dfrac{3n^2}{4n^2}$；$T_h=\dfrac{C_h}{d_e^2}t$

竖向固结的孔隙水压力 u_z 和地基平均固结度 $\overline{U_z}$ 可由式（2-13）右式结合相关边界条件得到，地基总的平均固结度 $\overline{U_{rz}}$ 可由下式得到：

$$\overline{U_{rz}}=1-(1-\overline{U_r})(1-\overline{U_z}) \tag{2-19}$$

当考虑负压在竖向排水体中沿深度一定分布时，即 $p_v=p_v(z)$，可以将式（2-16）的孔压 $p_v(z)$ 代替 p_v 即可得到相应的孔压。而固结度解答同式（2-17）和式（2-18）。

当考虑真空联合堆载加固砂井地基时，其孔压解答为真空负压加固砂井地基孔压解答和堆载预压加固砂井地基孔压解答的线性叠加，其地基固结度解答同式（2-17）和式（2-18）。

当考虑砂井地基的井阻和涂抹作用时，只需通过变量替换，在考虑井阻和涂抹作用的堆载预压加固砂井地基固结解答的基础上得到。

从以上推导可以看出，对于真空负压固结度解答，形式上与堆载预压固结度解答相同，因此，在进行真空负压固结度计算时可以直接引用以上各种砂井固结轴对称解答。

2.4.3　砂井径向排水的不均匀固结效应及简易量化方法

软土的不均匀固结问题会带来"淤堵"问题，影响单元体径向排水速率，文献[78]利用数值方法研究砂井单元体的径向固结，论证了砂井固结的不均匀性并提出了可以表征不均匀固结效应程度的"等效涂抹效应（K_e）"，阐述了等效涂抹效应（K_e）的量化方法。

（1）砂井固结中存在的两个问题。

①淤堵问题。

在砂井固结的过程中，细微土颗粒进入排水板或者砂井中，堵塞排水通道。如今把一切阻滞孔隙水排出的现象统称为淤堵；学界把淤堵分为三大类：滤膜淤堵、颗粒淤堵、固结淤堵。固结淤堵的实质是土体的不均匀固结造成的，属于固结边界问题；第三类淤堵的发生不会随着排水板滤膜孔径、固结压力大小和形式（堆载或真空）、土体固结状态而变化，它的存在具有普遍性。

②不均匀固结问题。

在排水固结开始后，排水板或砂井周围土体的孔隙率迅速降低，而离排水板较远土体的孔隙水未能及时排出，孔隙比几乎不变。这种效应导致的结果就是排水板周围形成一层环形的低渗透率的密实土层，进一步阻挠了外侧饱和土的排水。

（2）不均匀固结效应。

文献[78]基于Plaxis有限元计算软件建立砂井单元体模型，进行固结度随时间变化的模拟，图2-19为砂井单元体内土体孔隙比沿着径向变化曲线，可以看到单元体外围边界附近和板周围两处的土体孔隙比具有显著的不同，排水板周围的孔隙比远小于外侧土体。利用泰勒公式：

$$e - e_0 = C_k \log\left(\frac{k_0}{k}\right) \tag{2-20}$$

式中：k_0——初始孔隙比e_0对应的渗透系数；

C_k——渗透常数等于e-$\log k$关系中的直线斜率。

可以计算出不同位置处土体的渗透系数。土体的渗透系数随着孔隙比的减小而降低，单元体内部土体渗透系数随径向距离的变化如图2-20所示。

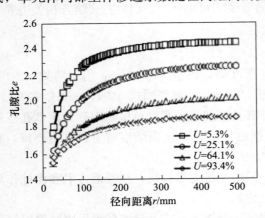

图2-19　孔隙比随径向距离的变化曲线

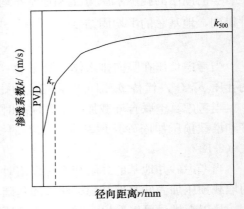

图2-20　渗透系数随径向距离变化的示意图

可以看出，不均匀固结现象明显，且不均匀固结的程度在固结初期较大，随着固结过程逐渐减小。

由于不均匀固结效应的存在，造成了单元体内部距离排水板不同距离处渗透系数不同。具体来讲就是板周围土体快速固结引起渗透系数下降，而远侧土体渗透系数保持不变，这一现象类似于涂抹效应。为了使 Hansbo 理论（Hansbo 固结理论是计算砂井径向固结速率的常用方法，也是目前规范中最广泛采用的设计方法）可以反演数值模拟结果，文献［78］作者假定存在着涂抹效应，称为"等效"涂抹效应。设定此涂抹区等效半径 $d_s = 4d_w$ 以及非涂抹区与涂抹区的渗透系数比为 $k_h/k_s = K_e$，并对固结度进行反演分析。具体操作为：当理论固结度和数值固结度在相同时间达到 50% 时，就可以反分析出 K_e 值。就上述案例而言，当 $K_e = 2.4$ 时，理论结果和数值模拟结果可以较好地吻合，如图 2-21 所示。

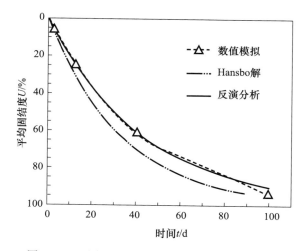

图 2-21　不同平均固结度随时间变化曲线的比较

（3）等效涂抹效应（K_e）的量化方法。

①K_e 和 $\Delta e/C_k$ 的对应关系。

文献［78］利用上述有限元分析模型，变化土体基本参数和应力条件（压缩系数、初始孔隙比、初始应力和荷载增量），进行数值计算并采用 Hansbo 理论对数值模拟结果进行反分析，对应每一个算例都会得到一个 K_e 值，通过汇总拟合得到 K_e 和 $\Delta e/C_k$ 之间的线性关系：

$$K_e = 2.7601 \left(\frac{\Delta e}{C_k} \right) + 0.5065 \qquad (2\text{-}21)$$

②单元体半径的影响。

单元体尺寸（d_e 和 d_w）对 K_e 的影响也通过相同有限元模型进行了研究。文献［78］指出，半径比 d_e/d_w 越大（保持土体参数和应力条件恒定），不均匀固结效应越明显，K_e 的值也就越大。可见排水板越小，受板周围低渗透性"土柱"影响的土体范围也就相对越大，不均匀固结效应也越明显。令 $d_e/d_w = 20$，对应的 K_e 值为 K_{e-20}，使用 K_{e-20} 进行标准化可得：

$$K_e = [0.012(d_e/d_w) + 0.72] K_{e-20} \qquad (2\text{-}22)$$

③通用计算式。

不均匀固结引起的等效涂抹效应 K_e 表示为：

$$K_e = \left\{ \left\{ \left[0.012\left(\frac{d_e}{d_w}\right) + 0.72 \right] \left[2.76\left(\frac{\Delta e}{C_k}\right) + 0.507 \right] - 1 \right\} \times \ln4 \right\} \div \ln\left(\frac{d_s}{d_w}\right) + 1 \quad (2\text{-}23)$$

另外，可把土体的涂抹效应分为力学涂抹效应 $(k_h/k_s)_m$ 和不均匀固结引起的等效涂抹效应，将其定义为总体涂抹效应，并由式（2-23）进行计算：

$$\frac{k_h}{k_s} = K_e \left(\frac{k_h}{k_s}\right)_m \quad (2\text{-}24)$$

其中力学涂抹效应可通过室内试验得到：$(k_h/k_s)_m = k_h/k_v$。对于重塑土和吹填土，力学涂抹效应 $(k_h/k_s)_m = k_h/k_v = 1.0$。

2.5 修正剑桥模型在真空负压法中的应用

修正剑桥模型是经典的塑性模型，其塑性理论包括屈服准则、流动准则和硬化规律，如图 2-22 所示。

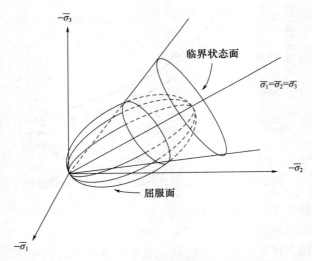

图 2-22 主应力空间的剑桥模型屈服面和临界状态面

它最主要的特征是硬化/软化的概念，临界状态面在有效应力的主应力空间中假定为圆锥形，它的顶点在坐标原点上，轴是平均主应力 p，在原有的临界状态的形状中，临界状态面在 π 平面上的断面为圆形。在平均主应力 p 和等效偏应力 t 的应力平面上，临界状态是一条直线，通过原点，斜率为 M，如图 2-22 所示。修正剑桥模型的屈服面在 π 平面上和临界状态面具有相同的形状，但是，在 p-t 平面上屈服面却是由两个椭圆形所构成。一段通过原点的弧形且与临界状态线相交，原点上的切线与 x 轴成直角，与临界状态线的交点处的切线平行于 x 轴；另一段弧形与第一段弧形平滑连接，并穿过临界状态线，相交 x 轴于某个不为零的点，该点处的切线也与 x 轴成直角。假设塑性流动与该面垂直。

硬化/软化的假设控制着屈服面在有效应力空间的大小。假设硬化/软化只受塑性体应变的影响，当塑性体应变压缩（土骨架被压缩），屈服面变大，当塑性体积增长，屈服面将收缩。p-t 平面的屈服面上两个椭圆弧形的选择以及相适应的流动法则，使得当 $t>Mp$ 时，材料软化（临界状态线的左侧，临界状态线的"干"面）；当 $t<Mp$，材料硬化（临界状态线的右侧，临界状态线的"湿"面）。在不改变有效压应力，只增加剪应变（偏应变）时的应力-应变特性，当材料发生屈服后，将产生应变软化或应变硬化，直到应力状态到达临界状态面，这时塑性流动（纯塑性）开始无限增长。"湿"和"干"的术语是来自于用手接触试样的感觉。在临界状态线的"湿"边，土骨架对于承受压应力来说是非常松散的，如果施加一个力（用手挤压土体），将会导致水从试样中渗出，手感觉湿润。在临界状态线的"干"面，就会有相反的效果（图 2-23、图 2-24）。

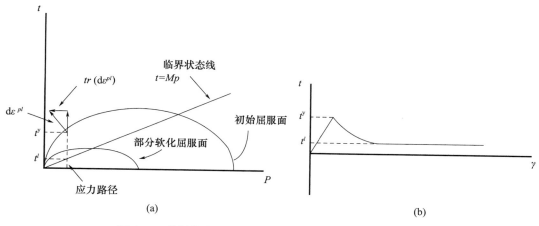

图 2-23　临界状态线的"干"侧材料的剪切试验（$t>Mp$）

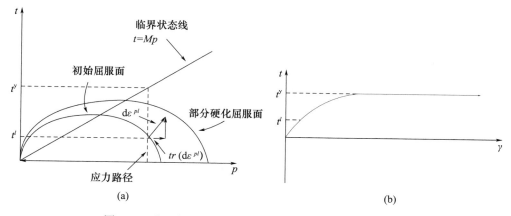

图 2-24　临界状态线的"湿"侧材料的剪切试验（$t<Mp$）

修正剑桥模型的屈服面方程为

$$\frac{1}{\beta^2}\left(\frac{p}{\alpha}-1\right)^2+\left(\frac{t}{M\alpha}\right)^2-1=0 \tag{2-25}$$

式中：$p=\dfrac{1}{3}\ (\sigma_1+\sigma_2+\sigma_3)$；

　　　　$t=\dfrac{q}{2}\Big[1+\dfrac{1}{K}-\Big(1-\dfrac{1}{K}\Big)\Big(\dfrac{r}{q}\Big)^3\Big]$，为偏应力参数；

$q=\sqrt{\dfrac{3}{2}(S:S)}$，为等效 Mises 应力；

$r=\left(\dfrac{9}{2}S\cdot S:S\right)^{\frac{1}{3}}$，为第三应力不变量；

M 为常量，用来定义临界状态线的斜率；

β 为常量，在临界状态线的干面侧（$t>Mp$）该值等于 1.0，在湿面侧 $\beta\neq1.0$，表示在临界状态线湿面侧采用不同的椭圆线，当 $\beta<1.0$ 时，帽子缩紧，如图 2-25 所示；

α 为屈服面大小的强化参数；

K 为三轴拉伸和三轴压缩的屈服应力之比，该值控制着屈服面在 π 平面上的形状，如果 $K=1$，屈服面与第三应力不变量无关，且屈服面在 π 平面上是圆形，这是原始剑桥模型的形式。不同的 K 值对应的屈服面在 π 平面上的形状如图 2-26 所示，为了保证屈服面外凸，K 的取值应满足：$0.778\leqslant K\leqslant1.0$。

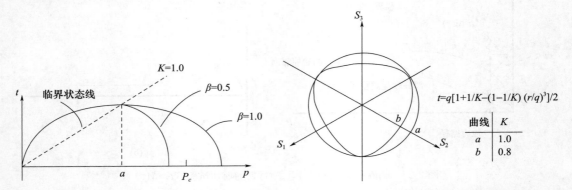

图 2-25　p-t 平面上的修正剑桥模型屈服面　　　　图 2-26　π 平面上的剑桥模型的屈服面

2.6　真空负压强度理论

2.6.1　真空负压排水固结强度计算理论研究

强度是指材料破坏时的应力状态。强度理论研究包括两方面：一是破坏时应力表达式，即破坏准则；二是强度参数的变形规律。材料的破坏可分为塑性破坏和脆性破坏两种，前一种破坏时应力保持恒定，应变不断发展；后一种破坏时材料将不能再承受应力。岩土材料的破坏可分为剪切破坏和拉伸破坏两种，拉伸破坏以脆性破坏为主，剪切破坏则既有塑性的也有脆性的。塑性破坏是塑性力学研究的对象，脆性破坏则是断裂力学研究的对象。材料力学中曾归纳四种强度理论：一为最大拉应力理论；二为修正最大拉应力理论；三为最大主剪应力理论（Tresca 理论）；四为最大均方根剪应力理论（Mises 理论）。后来，俞茂宏提出了第五种强度理论——双剪应力强度理论。前两种属抗拉强度理论，后三种属抗剪强度理论。后三种抗剪强度理论均可以考虑压应力的影响，考虑的方法又有两种，一种加上静水压力 σ_m，另一种加剪应力作用面上的压应力 σ_n。所以，抗剪强度理论可分为 3 个系列，9 个准则，9 个具体表达式。

Ⅰ-A 单剪应力理论（Tresca 理论）：

$$\tau_{13} = \tau_f \qquad (2\text{-}26)$$

式中：τ_{13} 及下面的 σ_{13}、τ_{12} 等符号的含义如图 2-27 所示。

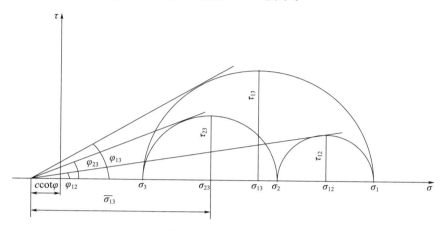

图 2-27 主应力莫尔圆

Ⅰ-B 广义单剪应力理论：

$$\tau_{13} = \frac{3\sin\varphi}{3 - \sin\varphi} \bar{\sigma}_m \qquad (2\text{-}27)$$

$$\bar{\sigma}_m = \sigma_m + c\cot\varphi$$

Ⅰ-C 单剪切角理论（Mohr-Coulomb 理论）：

$$\sin\varphi_{13} = \frac{\tau_{13}}{\bar{\sigma}_{13}} = \sin\varphi \qquad (2\text{-}28)$$

$$\bar{\sigma}_{13} = \sigma_{13} + c\cot\varphi$$

Ⅱ-A 双剪应力理论（俞茂宏）：

$$\left. \begin{array}{ll} \dfrac{1}{2}(\tau_{13} + \tau_{12}) = \tau_f & (\tau_{12} \geqslant \tau_{23}) \\[2mm] \dfrac{1}{2}(\tau_{13} + \tau_{23}) = \tau_f & (\tau_{12} \leqslant \tau_{23}) \end{array} \right\} \qquad (2\text{-}29)$$

Ⅱ-B 广义双剪应力理论：

$$\left. \begin{array}{ll} \dfrac{1}{2}(\tau_{13} + \tau_{12}) = \dfrac{3\sin\varphi}{3 - \sin\varphi}\bar{\sigma}_m & (\tau_{12} \geqslant \tau_{23}) \\[3mm] \dfrac{1}{2}(\tau_{13} + \tau_{23}) = \dfrac{3\sin\varphi}{3 - \sin\varphi}\bar{\sigma}_m & (\tau_{12} \leqslant \tau_{23}) \end{array} \right\} \qquad (2\text{-}30)$$

Ⅱ-C 双剪切角理论：

考虑两个较大 Mohr 圆的剪切角，求其正弦值的均方根，可得

$$\left. \begin{array}{ll} \dfrac{1}{\sqrt{2}}\left[\sin^2\varphi_{13} + \sin^2\varphi_{12}\right]^{\frac{1}{2}} = \sin\varphi & (\varphi_{12} \geqslant \varphi_{23}) \\[3mm] \dfrac{1}{\sqrt{2}}\left[\sin^2\varphi_{13} + \sin^2\varphi_{23}\right]^{\frac{1}{2}} = \sin\varphi & (\varphi_{12} \leqslant \varphi_{23}) \end{array} \right\} \qquad (2\text{-}31)$$

把两个 Mohr 圆的圆心坐标和半径平均起来，可得另一种表达式

$$\left.\begin{array}{l} \dfrac{\tau_{13}+\tau_{12}}{\overline{\sigma}_{13}+\overline{\sigma}_{12}}=\sin\varphi \\[3mm] \dfrac{\tau_{13}+\tau_{23}}{\overline{\sigma}_{13}+\overline{\sigma}_{23}}=\sin\varphi \end{array}\right\} \tag{2-32}$$

Ⅲ-A 三剪应力理论（Mises 理论）：

$$\tau_m=\frac{1}{\sqrt{2}}\left[\tau_{13}^2+\tau_{12}^2+\tau_{23}^2\right]^{\frac{1}{2}}=\tau_{\mathrm{f}} \tag{2-33}$$

这一理论也可称为等倾面上最大剪应力理论。

Ⅲ-B 广义三剪应力理论（Prager-Drucker 理论）：

$$\tau_m=\frac{3\sin\varphi}{3-\sin\varphi}\overline{\sigma}_m \tag{2-34}$$

Ⅲ-C 三剪切角理论（沈珠江）：

$$\frac{1}{\sqrt{2}}\left[\sin^2\varphi_{13}+\sin^2\varphi_{12}+\sin\varphi_{23}^2\right]^{\frac{1}{2}}=\sin\varphi \tag{2-35}$$

与这一理论十分相近的是下列松冈元提议的空间滑动面上最大剪切角理论（SMP理论）：

$$\left[\frac{(\sigma_1-\sigma_3)^2}{\sigma_1\sigma_3}+\frac{(\sigma_1-\sigma_2)^2}{\sigma_1\sigma_2}+\frac{(\sigma_2-\sigma_3)^2}{\sigma_2\sigma_3}\right]^{\frac{1}{2}}=\mathrm{const} \tag{2-36}$$

2.6.2　真空负压地基中强度增长计算研究

（1）真空负压地基应力转化原理。

真空负压在水位线上下的加固机理实际上有所不同，在地下水位线以上，孔隙气水压力 $u=u'+\gamma_{\mathrm{w}}Z+\gamma_{\mathrm{w}}v^2/2g+p$。式中：$u'$ 为孔隙水的压能；$\gamma_{\mathrm{w}}Z$ 为水位能；$\gamma_{\mathrm{w}}v^2/2g$ 为水动能；p 为气泡压力。

①水位线以上的土体加固模型如图 2-28（a）的隔板-弹簧模型所示，抽真空前及抽气瞬间，即 $t\leqslant 0$ 时，膜内外气压 $p=p_{\mathrm{a}}$，p_{a} 为大气压；在抽真空时，即当 $t>0$ 时，滤管中由于抽气，压力降低至 p_{v}，模型中各点的孔隙水压力不变，形成压力差即真空压 $p_{\mathrm{a}}-p_{\mathrm{v}}$，在此真空压力作用下孔隙气、水向滤管渗流。在整个抽真空过程中，即 $0<t<\infty$ 时，$p_{\mathrm{v}}<p<p_{\mathrm{a}}$，随着抽真空的进行土体内气压 p 降低，真空压不断向深部扩展，导致水位（ΔZ）下降，孔隙水压力降低，即形成负的孔隙水压力增量，其大小为 $\gamma_{\mathrm{w}}\Delta Z$，而孔隙气水压力的减小量为 Δu，$\Delta u=(p_{\mathrm{a}}-p)+\gamma_{\mathrm{w}}\Delta Z$，隔板在不平衡力的作用下向下移动，压迫弹簧变形，这部分压力转移到弹簧即土骨架上，从而有效应力增加 $\Delta\sigma$，$\Delta\sigma=\Delta u$；当 $t\to\infty$ 时，土体中气压 $p=p_{\mathrm{v}}$，$\Delta\sigma=\Delta u=(p_{\mathrm{a}}-p_{\mathrm{v}})+\gamma_{\mathrm{w}}\Delta Z$。

②水位线以下虽然水不能直接被真空泵抽出，但是由于水位下降的静孔隙水压力减小 $\gamma_{\mathrm{w}}\Delta Z$（$\Delta Z$ 为水位下降深度），由于总应力不变，因此水位线以下的有效应力增加 $\gamma_{\mathrm{w}}\Delta Z$。固结模型如图 2-28（b）隔板-弹簧模型，当 $t=0$ 时，即抽气瞬间，真空压力没能传递到土体中，水位没有发生变化；当 $0<t<\infty$ 时，真空度传递到土体中，水位下降产生的有效应力增量 $\Delta\sigma'=\gamma_{\mathrm{w}}\Delta Z$ 作用于土体上，在开始时荷载压力即有效应力增量全部由孔隙水承担，孔隙水压力增大，此时孔隙水压力 $u_2=u_1+\Delta u$（u_1 为初始孔隙水压力，Δu 为超静孔隙应力增量，于是 $u_1<u_2$，产生孔隙水压力差 $\Delta u=u_2-u_1$，在孔隙水

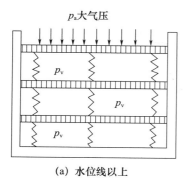 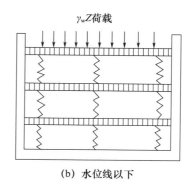

（a）水位线以上　　　　　　　　　　　（b）水位线以下

图 2-28　真空负压模型

压力差作用下，地下水形成水力梯度，水向排水板渗流，为克服阻力和维持一定流速，孔隙水压力逐渐降低，隔板在不平衡力的作用下向下移动，压迫弹簧变形，压力差 Δu 转移到弹簧上即土骨架上，有效应力增加，其增量等于孔隙水压力的减少量。随着土体中的孔隙水在孔隙压力梯度作用下不断向排水板渗流，并垂直排出土体以外，土中孔隙水压力不断降低，有效应力不断增大。土体不断固结压缩，直至某一深度超静孔隙水压力等于零时为止。

（2）真空负压加固地基的应力分析。

图 2-29 中，σ_z 为天然地基自重固结有效应力，P 为由于真空固结增长的有效应力，h 为地下水位下降距离。如图 2-29（a）所示，A 圆表示天然地基中土体某点在 K_0 固结下的应力状态。在 K_0 堆载作用下，该点应力状态由 A 圆变化到 B 圆，圆的坐标和半径均相应增大；在同样大小的真空负压作用下，该点应力状态由 A 圆变化到 C 圆，圆的坐标增大而半径不变。当预压完成后，无论按照何种应力路径，由于 C 圆在 B 圆范围内，其到达屈服状态要比 B 圆困难，即真空负压加固地基的效果要好于 K_0 预压加固地基，显然更好于一般情况下的堆载预压加固地基情况。如图 2-29（b）所示，若考虑真空负压加固地基时地下水位下降的作用，其应力摩尔圆由 A 圆变化到 D 圆，加固效果将更好一些。

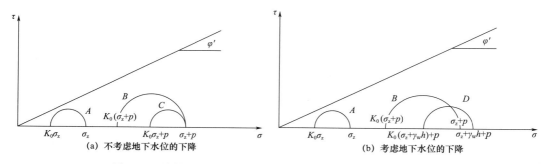

图 2-29　堆载预压与真空负压加固地基应力摩尔圆的变化情况

（3）真空负压有效应力增长分析。

真空负压下土体内产生各向相等的球应力，土体是在各向相等的球应力作用下排水固结，堆载预压下土体是在偏应力作用下排水固结，二者外荷作用条件不同，但固结效果可以叠加，堆载及真空负压加固软基土体中总应力是变化的，随着土中的超静（或称为附加）孔隙水应力的消散，土中的有效应力得以增加，从而使地基土体强度及承载力得到提高，达到加固地基的目的。软土地基固结时土体内任意时刻任意点的有效应力可以表示为：

$$\sigma' = \sigma'_0 + (\Delta\sigma - u_e) \tag{2-37}$$

式中：σ'_0——初始有效应力；

$\qquad\Delta\sigma$——外荷引起的附加应力；

$\qquad u_e$——超静（或称为附加）孔隙水应力。

①堆载预压固结。

$\sigma'_0 = \gamma' h_0$；

$\Delta\sigma_1 = \dfrac{p}{\pi}(\theta + \sin\theta)$，$\Delta\sigma_3 = \dfrac{p}{\pi}(\theta - \sin\theta)$，如图 2-30 所示；

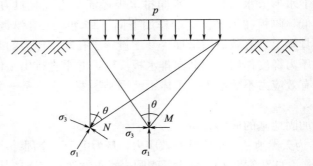

图 2-30　堆载荷载下土体中应力

$t=0$ 时，$u_e = B(\Delta\sigma_3 + A(\Delta\sigma_1 - \Delta\sigma_3))$；$t=\infty$ 时，$u_e = 0$。任意时刻任意点的 σ' 为

$$\sigma'_1 = \sigma'_0 + \left(\frac{p}{\pi}(\theta + \sin\theta) - u_e\right)$$

$$\sigma'_3 = k_0\sigma'_0 + \left(\frac{p}{\pi}(\theta - \sin\theta) - u_e\right) \tag{2-38}$$

两边对 t 微分得 $d\sigma' = -du_e$

即堆载预压时土体内任意点任意时刻的有效应力增量等于超静（或称为附加）孔隙水应力的消散量。

②真空负压固结

$\sigma'_0 = \gamma' h_0$；$\Delta\sigma_1 = \Delta\sigma_3 = p$；$t=0$ 时，$u_e = p$；$t=\infty$ 时，$u_e = 0$。任意时刻任意点的 σ' 为

$$\sigma' = \sigma'_0 + (p - u_e) \tag{2-39}$$

两边对 t 微分得 $d\sigma' = -du_e$

即真空负压时土体内任意点任意时刻的有效应力增量亦等于超静（或称为附加）孔隙水应力的消散量。

③真空-堆载联合预压

真空-堆载联合预压下土体中有效应力增长即为二者共同作用下土体中超静（或称为附加）孔隙水应力的消散量之和。

已知，在计算真空负压有效应力增长时，应考虑地下水位下降的影响，所以，真空负压加固软土地基的有效应力增长应由地下水位下降而引起的有效应力增加与真空度传

递而引起的有效应力增长这两部分组成，如图 2-31（a）所示。真空-堆载联合预压的附加应力为真空负压引起的附加应力与堆载预压引起的附加应力的线性叠加，土体在附加应力的作用下压密固结，如图 2-31（b）所示。

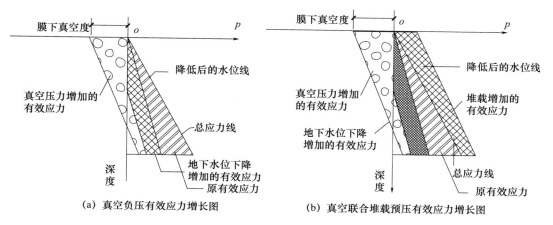

(a) 真空负压有效应力增长图   (b) 真空联合堆载预压有效应力增长图

图 2-31   有效应力分析图

2.6.3   考虑水位下降强度增长计算公式推导

软黏土在荷重及真空作用下，由于超孔隙水应力消散而获得的强度增长，考虑到不排水剪切的内摩擦角等于零的稳定性，即 $\varphi_u = 0$，按不排水剪切强度即天然强度 S_u 估算地基的强度增长。如图 2-32 所示，若考虑在正常压密条件下的有效抗剪强度参数 $c' = 0$ 时，则强度包线 oac 将通过原点 o；设有效覆盖压力为 σ'_z，则从 $\triangle oab$ 得

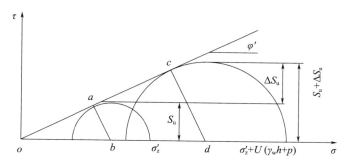

图 2-32   真空预压下软黏土的强度增长——根据天然强度 S_u

$$\frac{ba}{ob} = \frac{S_u}{\sigma'_z - S_u} = \sin\varphi'$$

则得天然强度为

$$S_u = \sigma'_z \frac{\sin\varphi'}{1 + \sin\varphi'} \tag{2-40}$$

若在真空负压作用下应力增量为 σ_c，等效竖向应力增量为 p，水位下降增加竖向应力增量为 $\gamma_w h$，当固结度为 U 时，最大有效主应力从 σ'_z 增加到 $\sigma'_z + U(\gamma_w h + p)$，从 $\triangle ocd$ 可知土的强度将增加到

$$S_u + \Delta S_u = \left[\sigma'_z + U(\gamma_w h + p)\right]\frac{\sin\varphi'}{1+\sin\varphi'} \tag{2-41}$$

从式（2-40）和（2-41），即可导得强度增长的计算公式：

$$\Delta S_u = U(\gamma_w h + p)\frac{\sin\varphi'}{1+\sin\varphi'} \tag{2-42}$$

式中 $p = (1+\sin\varphi_{cu})\sigma_c$，为根据麦远俭从含水量和密度相同，其不排水剪切强度也相同的原理及 K_0 固结和各向等压固结等效时具有同一不排水剪切破坏摩尔圆出发而推导固结压力相互等效转换的关系式 $\Delta p = (1+\sin\varphi_{cu})\sigma_c$ 而来。

当考虑真空联合堆载预压时，其表达式可如式（2-43）所示。

$$\Delta S_u = U(\Delta\sigma_1 + \gamma_w h + p)\frac{\sin\varphi'}{1+\sin\varphi'} \tag{2-43}$$

式中：$\Delta\sigma_1$——堆载荷重作用下竖向应力增量。

公式（2-42）和式（2-43）表示的强度增长关系为考虑 $\varphi_u = 0$ 推导而来，ΔS_u 代表应力圆半径的变化。

实际工程中，通过应力计算，求得地面荷载对地基中所产生的最大主应力 $\Delta\sigma_1$、地下水下降产生的附加竖向应力及真空压力产生的等效竖向应力，并根据排水条件计算固结度 U，即可算出由于固结而增长的强度。

土体的实际受力情况和排水条件是十分复杂的，不可能在实验室内完全得到模拟。为了简化，采用只模拟在压力作用下的排水固结过程，而不模拟剪力作用下的附加压缩的方法，对于荷载面积相对于土层厚度比较大的预压工程，正常固结的饱和软黏土，由于固结而增长的强度一般采用试验和计算都比较简便的计算公式 $\Delta\tau_{fc} = \Delta\sigma_z \cdot U \cdot \tan\varphi_{cu}$。该公式在工程上已得到广泛的应用。

根据魏汝龙对该公式的修正 $\tan\varphi_{cq} = (1+\sin\varphi_{cu})\tan\varphi_{cu}$ 及麦远俭的等效换算公式 $\Delta p = (1+\sin\varphi_{cu})\sigma_c$，当考虑真空负压条件下地下水位下降的影响时，可以得出真空负压排水固结地基的强度增长公式，如式（2-44）所示：

$$\Delta\tau = U\left[\gamma_w h + (1+\sin\varphi_{cu})\sigma_c\right](1+\sin\varphi_{cu})\tan\varphi_{cu} \tag{2-44}$$

当考虑真空联合堆载预压时，其表达式可如式（2-45）所示：

$$\Delta\tau = U\left[\Delta\sigma_1 + \gamma_w h + (1+\sin\varphi_{cu})\sigma_c\right](1+\sin\varphi_{cu})\tan\varphi_{cu} \tag{2-45}$$

式中：σ_c——真空固结压力。

由式（2-45）可知，如果知道了固结度 U 及水位下降深度 h，就可以计算出强度增长值。

2.7 真空负压排水固结技术应用

2.7.1 试验段工程概况

真空预压加固地基现场试验项目依托工程为南京威孚金宁有限公司第二联合厂房真空预压加固软基处理工程。南京威孚金宁有限公司拟建厂房位于南京市浦口区泰山镇，占地 $45500 m^2$，主要建筑物有：办公楼、辅楼、第一联合厂房、第二联合厂房、产品试验中心、物流中心、热处理车间、装备车间、油化库、消防泵房、污水处理站等。第二联合厂房为轻型钢门式钢架结构，位于第一联合厂房的南侧，设计室内地坪标高▽6.8m，主要布置一些进口高精度加工设备，设备荷载大约在 30kPa。设备对地面沉降和不均匀沉降要求较高，设计采用真空联合堆载预压法处理场地软基，加固区南北长为 136m，东西宽为 118m，加固区域总面积约为 16048m²。塑料排水板采用 C 型板，排水板按梅花形布置，间距 1.0m，排水板的打设深度根据场地的地形和地质条件，划分为Ⅰ、Ⅱ、Ⅲ、Ⅳ共 4 个区域，不同区域排水板的打设深度不同，排水板分区如图 2-33 所示。

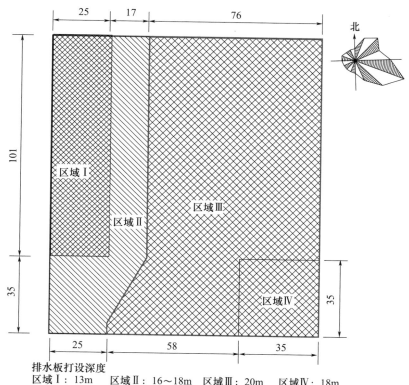

排水板打设深度
区域Ⅰ：13m　　区域Ⅱ：16～18m　　区域Ⅲ：20m　　区域Ⅳ：18m
说明：具体打设深度视场地地质条件确定

图 2-33　排水板打设分区示意图

整个场地于 2007 年 5 月 8 日开始抽气，5 天后膜下真空度上升到 80kPa 左右，膜上覆水 0.5～1.4m。设计采用 16 台 7.5kW 射流泵。真空泵布置如图 2-34 所示。

2.7.2　试验段工程地质条件

（1）土层分布及其结构特征。

根据勘察揭示，场地浅部为杂填土，其下为新近沉积的淤泥质粉质黏土、粉质黏土、粉砂。在勘察深度范围内，拟建场地岩土层自上而下可分为 3 个工程地质层，4 个亚层。现分述如下：

①杂填土：黄褐～褐色，湿～饱和，主要由粉质黏土、碎砖、混凝土、石块等杂物组成，硬杂物含量可达 30％。结构松散，孔隙较大。层厚为 1.00～1.60m。

②-1 淤泥质粉质黏土：灰色，饱和，流塑，高压缩性。切面稍光滑，干强度与韧性

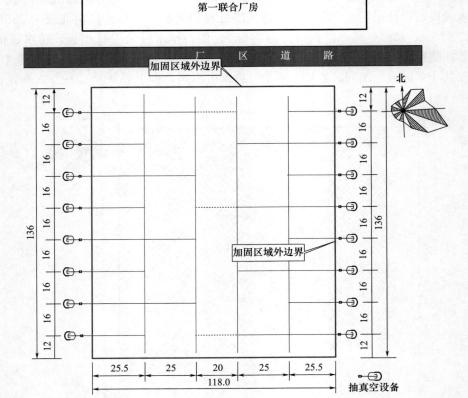

图 2-34　真空泵平面布置示意图

低。顶板埋深 1.00～1.60m，层厚 13.20～14.90m。

②-2 粉质黏土：灰色，饱和，流塑，高压缩性。切面稍光滑，干强度与韧性低，局部夹粉土。顶板埋深 14.80～16.00m，层厚 2.30～4.60m。

③粉砂：灰色，饱和，稍密，摇振反应迅速，主要矿物成分为石英、长石、云母。顶板埋深 18.00～19.70m，最大控制厚度 3.45m。

（2）地下水位情况。

拟建场地地下水主要可分为 2 个含水层。场地浅部为孔隙潜水，主要赋存于①杂填土中，勘察期间实测钻孔内潜水稳定水位埋深为 0.40～1.30m，水位主要受大气降水的影响，年水位升降变化幅度约 1.00m，其下为可承压水，主要赋存于③粉砂中，该含水层富水性好，透水性较强，水位变化主要受地下水的侧向径流补给影响。

2.7.3　土层物理力学性质指标

（1）室内岩土试验指标。

加固区地基土室内试验物理力学性能指标见表 2-3。

（2）岩土层地基承载力特征值。

加固区土层地基承载力特征值综合评价见表 2-4。

表 2-3　加固区地基土物理力学性能指标

土样深度/m	土的物理性试验指标									土的力学性试验指标								
	含水量	湿密度	干密度	孔隙比	饱和度	土粒比重	液限	塑限	塑性指数	液性指数	压缩系数	压缩模量	固结系数 （10⁻³）		三轴固快			
	w	ρ	ρ_d	e	S_r	G_s	w_l	w_p	I_p	I_l	a_v	E_s	100kPa	200kPa	C_{cu}	φ_{cu}	C'	φ'
	%	g/cm³	g/cm³		%		%	%			MPa⁻¹	MPa	C_v		kPa	°	kPa	°
													cm²/s					
2	42.7	1.78	1.25	1.181	98	2.72	32.5	19.4	13.1	1.78	0.82	2.7	2.97	3.42	21	15.9	8	32.2
6	46.0	1.74	1.19	1.282	98	2.72	32.9	20.7	12.2	2.07	0.90	2.5	0.60	0.65	5	17.4	4	32.3
10	40.7	1.78	1.27	1.150	96	2.72	36.1	22.5	13.6	1.34	0.77	2.8	0.94	0.97	10	18.3	5	33.1
14	43.3	1.74	1.21	1.248	95	2.73	38.8	23.8	15.0	1.30	0.86	2.6	0.92	0.91	7	18.1	2	33.5
22	35.1	1.82	1.35	1.019	94	2.72	30.8	19.5	11.3	1.38	0.50	4.1	3.15	3.93	3	20.3	6	32.8

表 2-4　加固区土层地基承载力特征值

层号		①	②-1	②-2	③
岩土层名称		杂填土	淤泥质粉质黏土	粉质黏土	粉砂
物理力学指标	W/%		43.0	37.1	27.2
	γ/(kN/m³)		17.3	17.5	18.4
	e		1.206	1.083	0.827
	I_1		1.67	1.44	
	$Es_{1\sim2}$/MPa		3.00	4.89	
	f_{ak}/kPa		60	75	
	φ_q/(°)		4.7		
	f_a/kPa		32		
推荐承载力特征值 f_{ak}/kPa		75	55	75	140

注：表中推荐承载力特征值 f_{ak} 系结合地区经验、原位测试成果及相邻场地成果综合提供。

2.7.4　加固场地周围环境

　　距本次真空预压加固区域边界北侧约 15m 处为东西向的水泥道路，路宽约 10m，向北约 45m 处为已建的第一联合厂房。

2.7.5　真空预压工程设计处理方案

　　从地基土层分布情况看，淤泥质粉质黏土②-1 埋深最浅 0.8～3.0m，层厚 3.8～14.8m，该土层分布极不均匀，是本工程地基变形的控制性土层，是本工程软基加固的对象土层。场地砂层分布广泛，埋深不均匀，如图 2-35 所示，其中②-1a 粉土～粉砂呈透镜体状分布于②-1 中，埋深 4.3～8.3m，层厚 0.7～3.8m，本层竖向渗透系数为 1.19×10^{-4} cm/s，径向渗透系数为 2.73×10^{-4} cm/s，渗透性相当好，是强透水透气层。工程处置措施为：打设黏土搅拌桩止水帷幕，切断夹砂层的透气透水途径，确保真空预压密封效果和真空压力的持续稳定。黏土搅拌桩止水帷幕设计如图 2-36 所示。

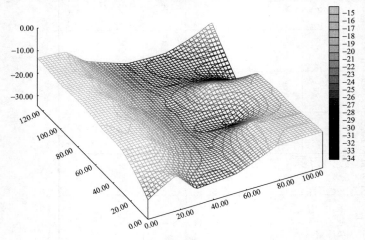

图 2-35　场地砂层三维分布深度示意图

对已有建筑物的防护措施采用水泥土搅拌桩和黏土搅拌桩，如图 2-36 所示。

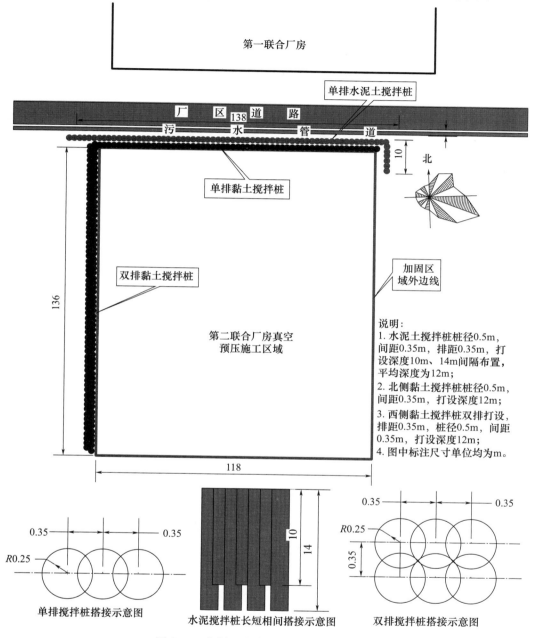

图 2-36 水泥土及黏土搅拌桩布置示意图

2.7.6 现场监测方案

为了掌握真空预压施工过程中地基土变形规律、固结状态、抽真空对北侧道路和第一联合厂房的影响以及密封墙止水效果，进行加固过程的现场监测。在预压期间及时整理地表沉降过程曲线、孔隙水压力曲线、区域内外水位变化以及膜下真空度沿深度分布曲线等相关曲线,用以评价分析地基加固效果和施工质量,及时监控抽真空对北侧建筑物的影响。

加固效果检测及现场监测工程量见表 2-5 和表 2-6。监测平面布置如图 2-37 所示。

表 2-5 监测工程量

项目内容	单位	数量	备注
沉降测点	个	18	场地内 9 个点,场地外 9 个点
膜下真空度	只	8	均匀布置
水位管	根	8	每根深度 6m
测斜管	根	2	每根深度 30m
孔隙水压力计	只	7	埋设 1 处,钻孔埋设 7 支(深度为 2、4、6、8、10、15、20m)

表 2-6 检测工程量

项目内容	单位	工程量	备注
十字板检测	孔	9	9 孔,加固前后各 4 孔,加固期间 1 孔
土样检测	孔	4	4 孔取样深度 2~20m,每 2m 一个试样,加固前后各 2 孔
静力触探	孔	13	13 孔,加固前后各 6 孔,加固期间 1 孔,每孔深度 20m 左右
标准贯入	孔	6	6 孔,加固前后各 3 孔

如图 2-37 所示,真空预压现场试验项目如下:

(1) 表面沉降观测:设表面沉降标 18 个。加固区内设置 9 个,加固区外设置 9 个。加固区内沉降标放置于密封膜上,底部用黄砂砂袋固定,保证底板面水平。全部沉降标在抽真空开始前设置完毕。

(2) 水平位移观测:在加固区北侧共设测斜孔 2 个,深度 30m。钻孔埋设特制 PVC 测斜专用管,稳定后用活动应变式测斜仪定期观测管身沿深度的水平位移。观测时从管道自下而上,每 50cm 为一个测点。施工期每 2~3 天观测一次。

(3) 真空度观测:膜下真空度设置测点 8 个。竖向排水体内真空度设置观测组 6 组,深度分别为 2、4、6、8、10、15m。

(4) 孔隙水压力观测:设置一处孔隙水压力观测面,共 7 个测点,深度分别为 2、4、6、8、10、15、20m。孔隙水压力计采用钢弦式孔隙水压力测头,测量时应用频率计测读频率。钻孔埋设,1 孔埋设 1 支孔压计,在测点位置为中心的半径为 1m 范围内分别钻孔至不同的深度。

(5) 地下水位观测:设置 6 个水位观测孔,每孔深度 6m。钻孔埋设直径 50mmPVC 管,管底密封结实。管身通长均为进水管段,沿管壁四周均匀开孔,开孔率约 15%,开孔直径约 4~6mm,进水管段外包土工织物滤层。钻孔放置水位管后回填黄砂至孔口。

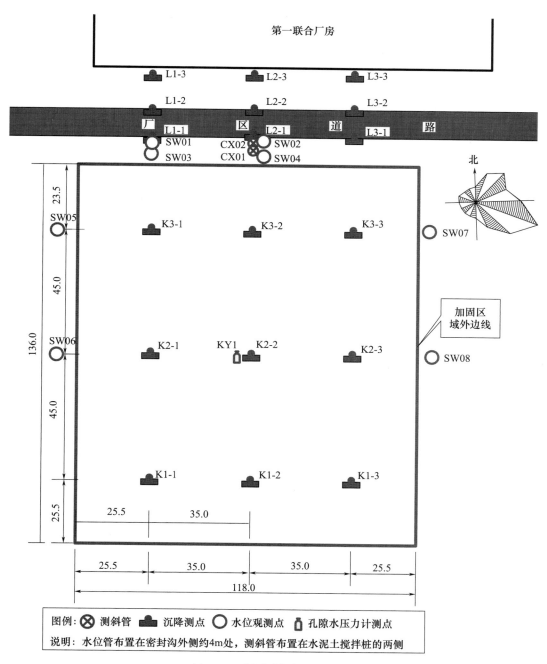

图 2-37　监测测点布置示意图

2.7.7　地基加固效果检验试验方案

（1）钻孔取土进行加固后地基土的室内物理力学性质试验分析。

①分析项目：土的含水量、密度、比重、塑限、液限、压缩系数、渗透系数。

②取样方法：在真空预压加固区内取 2 个孔。

（2）现场十字板剪切试验：加固区现场十字板剪切试验 4 组，加固期间 1 组。

（3）静力触探试验：在真空预压加固区内现场静力触探试验 6 组，加固期间 1 组。

（4）标准贯入试验：在真空预压加固区内现场标准贯入试验 3 组。

2.7.8 现场监测成果及分析

根据监测方案进行仪器埋设与现场监测，至工程结束，获得了大量的现场监测成果。以下为对现场监测成果的整理与分析。

（1）膜下真空度的监测成果分析。

本项目于 2007 年 5 月 8 日开始抽真空，膜下真空度上升很快，如图 2-38 所示，2007 年 5 月 13 日稳定在 80kPa 以上。2007 年 6 月 19 日，由于加固区内发现一道较宽裂缝，导致密封膜破裂，覆水下灌，于 2007 年 6 月 20 日上午 10：00 停泵，抽水修补裂缝，于 2007 年 6 月 22 日上午 5：30 裂缝修补完毕，开泵。停泵期间，真空度迅速下降，开泵后，真空度开始迅速上升，随后缓慢增长。这期间的真空度变化曲线如图 2-39 所示。

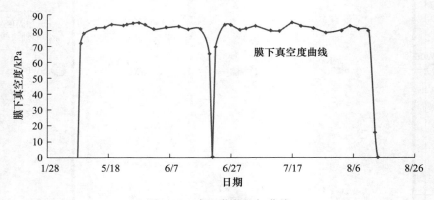

图 2-38　真空荷载施加曲线

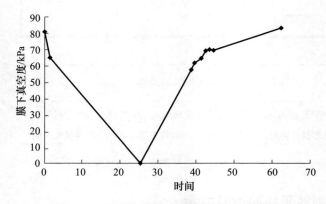

图 2-39　真空卸载-加载期间膜下真空曲线

（2）地表沉降的监测成果分析。

①地表沉降随时间变化规律。

图 2-40 为加固区地表平均沉降变化曲线，图 2-41 为地表平均沉降速率变化曲线图。

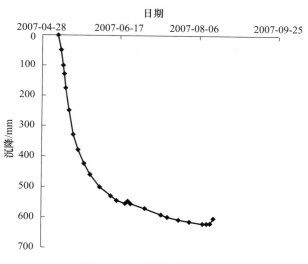

图 2-40　表面平均沉降曲线

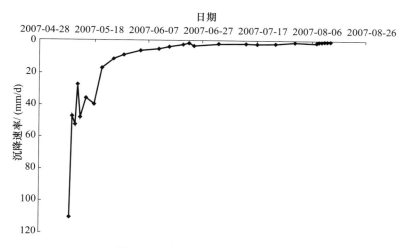

图 2-41　表面平均沉降速率曲线

从图中可以看出，自 2007 年 5 月 8 日开始抽真空，加固区地表迅速沉降，沉降曲线较陡，沉降速率较大；随着抽真空时间的增加，各点的沉降速率逐渐变小，沉降曲线趋于缓和，至 2007 年 8 月 13 日停泵为止，最大沉降量为 622.21mm，沉降速率接近 0.06mm/d。真空预压消除沉降的效果极为明显。

②地表沉降随空间位置变化规律。

图 2-42 与图 2-43 分别为真空联合堆载预压停泵时的最终实测沉降等值线平面图与三维图。从图中可以看出，沉降以加固区中心最大，向周围逐渐递减，形成一个锅底形状。

③地表最终沉降量的计算。

曾国熙（1985）建议地基固结度用下式计算：

$$U = 1 - \alpha e^{-\beta t}$$

（2-46）

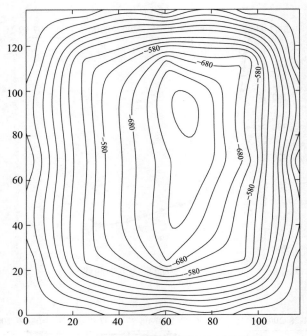

图 2-42　真空预压停泵时沉降实测等值线

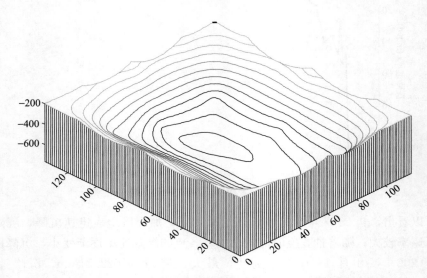

图 2-43　真空预压停泵时沉降实测等值线三维图

式中：α、β——与地基排水条件、地基土性质等有关的参数。

$$S_t = S_\infty (1 - \alpha e^{-\beta t}) \tag{2-47}$$

由实测的初期沉降——时间曲线（S-t 曲线）并任意选取三点（t_1，S_1），（t_2，S_2），（t_3，S_3），并使 $t_2 - t_1 = t_3 - t_2$，分别代入式（2-47）。

通过推导可得

$$S_\infty = \frac{S_3 (S_2 - S_1) - S_2 (S_3 - S_2)}{(S_2 - S_1) - (S_3 - S_2)} \tag{2-48}$$

加固区 9 个沉降标的最终沉降量见表 2-7，从表中可知，加固区推算的最终平均沉降量为 662.28mm，地基平均固结度已达 93.94%。

表 2-7　三点法推算各点最终沉降量

沉降标序号	6 月 13 日的沉降量 S_1/mm	7 月 13 日的沉降量 S_2/mm	8 月 12 日的沉降量 S_3/mm	最终沉降量 S_∞/mm	各点固结度 U/%	停泵平均沉降量 S/mm	地基平均固结度/%
K3-1	447.64	486.43	504.04	518.68	97.2		
K2-1	428.52	467.90	493.06	537.58	91.7		
K1-1	442.30	487.31	510.92	536.97	95.2		
K1-2	612.13	682.41	725.12	791.28	91.6		
K1-3	595.49	646.42	675.54	714.42	94.5	622.21	93.94
K2-3	572.63	632.46	664.81	702.89	94.6		
K2-2	638.05	689.90	733.85	781.05	94.0		
K3-2	621.13	685.03	719.58	760.25	94.6		
K3-3	485.10	540.18	572.48	618.38	92.6		

2.7.9　土体水平位移的监测成果分析

本项目共设置了 2 根测斜管（CX01、CX02），其平面分布位置如图 2-44 所示，深度 30m，由于淤积，实测深度分别为 27m 和 24.5m。

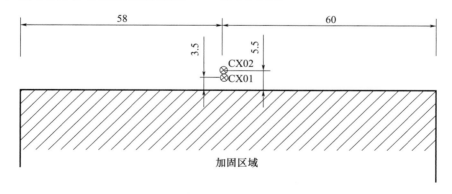

图 2-44　测斜管布置示意图（单位：m）

图 2-45、图 2-46 所示为各测斜管所测得的深层土体水平位移曲线，图 2-47、图 2-48 为地面水平位移速率变化曲线图，表 2-8 为 2 个测斜管 8 月 13 日不同深度累计水平位移统计表，从图表中可以看出：

（1）在真空预压过程中，试验区周围土体都向加固区内侧移动，在加固区北侧道路边缘产生 10～12cm 的裂缝，东侧混凝土地面被拉裂，如图 2-49、图 2-50 所示。

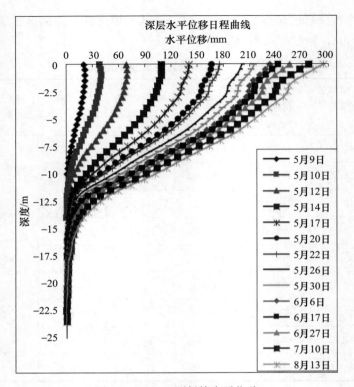

图 2-45　CX01 测斜管水平位移

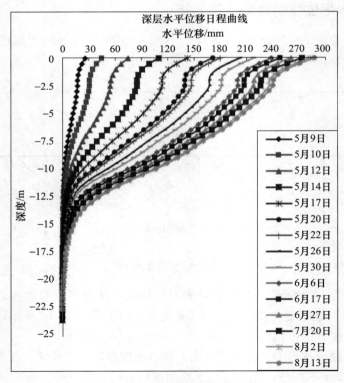

图 2-46　CX02 测斜管水平位移

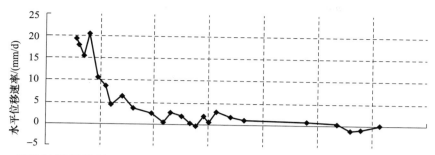

图 2-47　CX01 地面水平位移速率变化曲线

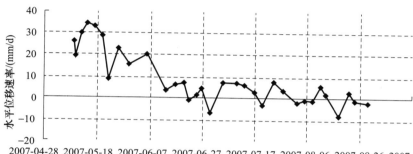

图 2-48　CX02 地面水平位移速率变化曲线

表 2-8　测斜管 8 月 13 日不同深度累计水平位移统计

CX01		CX02		CX01		CX02	
深度/m	水平位移/mm	深度/m	水平位移/mm	深度/m	水平位移/mm	深度/m	水平位移/mm
−25	−0.484			−12	47.102	−12	51.964
−24	−0.836			−11	73.546	−11	77.660
−23	−0.374	−23	−0.110	−10	101.178	−10	107.228
−22	−0.374	−22	0.242	−9	125.708	−9	131.934
−21	0.550	−21	0.352	−8	150.194	−8	151.910
−20	0.220	−20	1.122	−7	175.626	−7	171.732
−19	1.342	−19	2.112	−6	198.814	−6	191.906
−18	1.694	−18	3.586	−5	215.556	−5	206.866
−17	4.928	−17	5.236	−4	231.286	−4	222.354
−16	6.798	−16	7.832	−3	248.578	−3	235.774
−15	11.858	−15	12.958	−2	254.804	−2	241.098
−14	18.788	−14	20.548	−1	271.986	−1	256.454
−13	30.844	−13	33.330	0	294.074	0	287.870

图 2-49　道路边缘裂缝　　　　　　图 2-50　混凝土地面裂缝

（2）水平位移主要发生在距地表 12.5m 以上的深度范围内，15m 以下基本无位移。

（3）从地面水平位移速率变化曲线图中可以看出，在真空预压的开始阶段，土体水平位移速率较大，但位移速率随时间增加迅速下降至较低值；此后随着抽真空时间的增加，位移速率呈缓慢下降趋势，在 8 月 13 日真空卸载以后，水平位移产生微小回弹。

2.7.10　地下水位的监测成果分析

（1）加固区外地下水位变化。

真空预压加固区密封沟外侧共布设了 8 个地下水位监测孔，其中 6 个在施工中遭到破坏，实际只有 2 个可用，即 SW02 和 SW03，如图 2-51 所示，该 2 个地下水位观测孔的水位历时曲线如图 2-52 所示。

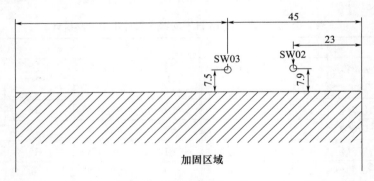

图 2-51　地下水位测管布置示意图（单位：m）

通过对图 2-52 的分析，可以得到真空预压过程中的地下水位变化规律：

①真空预压加载过程的前期，地下水位迅速下降，中期由于受大到暴雨影响，水位上升并超过初始地下水位，可见加固区外地下水位受天气影响较大。

②真空卸载后，地下水位先降后升，卸载 15 天后，场区外的水位基本恢复为常水位。

（2）加固区内地下水位变化。

我们曾于 2007 年 8 月 19 日、22 日、24 日即停泵后的 6 天、9 天、11 天分别量测了各标贯孔中的地下水位，结果见表 2-9。

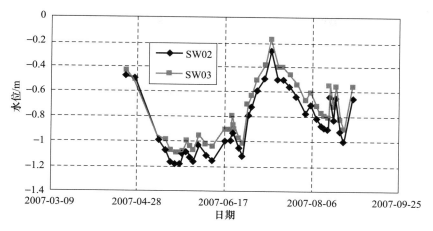

图 2-52　加固区外地下水位随时间变化曲线

表 2-9　加固区内地下水位实测

m

日期	JN1	JN2	JN3
2007-08-19	−3.05	−4.6	−3.5
2007-08-22	−2.86	−3.1	−2.3
2007-08-24			−1.7

　　表中 JN1、JN2、JN3 为现场标贯孔位,如图 2-53 所示。由表中数据可知地下水位在真空加固期间最大下降不小于 4.6m,考虑到原始地下水位大致在 0.75m,则抽真空期间地下水位最大下降应在 4.0～4.5m,平均地下水位下降应在 3.0～3.5m。

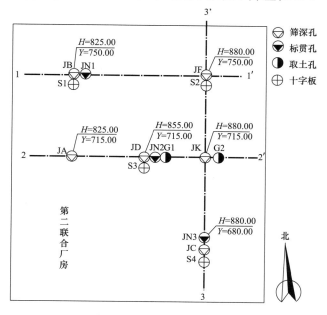

图 2-53　勘探点平面布置图

从实测的地下水位值可知,抽真空阶段,加固区外的地下水位下降,加固区超静孔压降低。说明在抽真空的过程中,加固场地周围的地下水不断向场地内补给,形成一个大范围的降落漏斗。加固区外孔隙水压力的消散,导致场地周围的地表发生固结沉降,并向场地内收缩,形成裂缝。

2.7.11 孔隙水压力的监测结果分析

在真空预压区共布设了 7 个孔隙水压力测点,深度分别为 2、4、6、8、10、15、20m。各测点孔隙水压力及超静孔隙水压力历时曲线详如图 2-54 和图 2-55 所示。

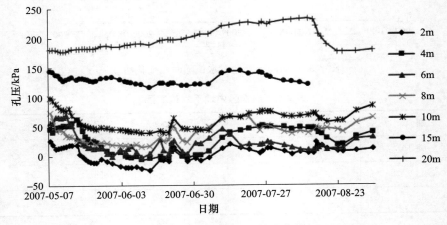

图 2-54 孔压计观测结果曲线

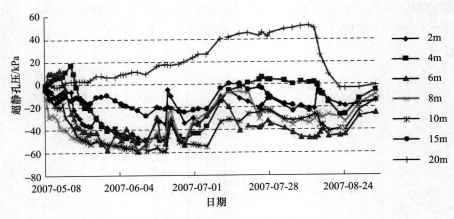

图 2-55 超静孔压历时曲线

对真空预压试验区在加载期间的孔隙水压力变化规律分析可知:

(1)在真空压力作用下,塑料排水板深度范围内土层的孔隙水压力呈减小趋势。

(2)由于土体所受的压力来自抽真空,由此产生的超孔隙水压力为负值。随着深度的增加,超静孔隙水压力(Δu)的幅值逐渐减小。

(3)加固区淤泥中的孔隙水压力随着抽真空的开始迅速下降,产生负的超静孔隙水压力,随着抽真空时间的增加,超静孔隙水压力负值增大,孔隙水压力下降幅度逐渐变小。

（4）从图 2-56、图 2-57 中的超静孔压监测结果可以发现，在地下 6～10m 孔压下降的幅度已超过 2～4m 的孔压下降幅度，不满足越接近地面，孔压下降幅度越大的规律。从加固区地质勘察报告中了解到，场地软土中夹粉土～粉砂呈透镜体，分布于②-1 中，埋深 4.3～8.3m，层厚 0.7～3.8m。由于径向渗透系数远大于水平向渗透系数，因此产生了上述现象。

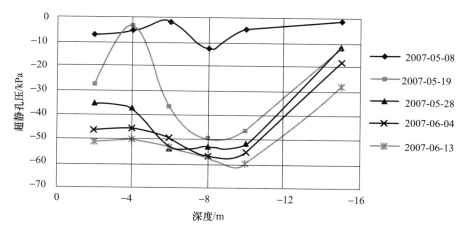

图 2-56　不同时间各深度超静孔压变化曲线

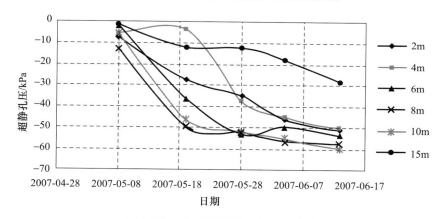

图 2-57　不同深度超静孔压历时曲线

2.8　真空负压加固效果及分析

2.8.1　加固前后土体物理力学指标的变化分析

表 2-10 为加固前后的物理力学指标对比表，从表中可以看出，加固前后含水量、密度、孔隙比均有较大的变化。图 2-58 为加固前后含水量变化曲线图，由图可见，加固后的含水量比加固前的含水量总体上减少，由于浅部的压缩变形量大，因此含水量减少的幅度浅部较大，深部相对较少；图 2-59 为加固前后孔隙比变化曲线图，从图中可以看出，加固后孔隙比比加固前的孔隙比减少，同含水量的变化规律一样，浅部减少的

幅度大，深部减少的幅度小。从两图中可以发现，在深度 4～8m 处，含水量与孔隙比的减少均较大，这主要是由于该处为一层透水性较好的夹砂层，故孔隙比与含水量变化均较大。图 2-60、2-61 分别为加固前后地基土的密度及压缩模量变化曲线图，加固后的密度及压缩模量比加固前均有增大，增加的幅度及规律与含水量及孔隙比变化相似。在塑料排水板深度范围内，含水量、孔隙比、密度及压缩模量均产生了相应的变化，说明真空预压的效果是明显的。

表 2-10 加固前后土体的物理力学指标对比

取样深度/m	含水量 W/%		天然密度 ρ/（g/cm³）		饱和度 Sr/%		孔隙比 e		压缩系数 α（1/MPa）		压缩模量 Es/MPa	
	前	后	前	后	前	后	前	后	前	后	前	后
2	39.5	36.5	1.80	1.84	97	98	1.100	1.018	0.67	0.52	3.1	3.9
4	46.0	33.2	1.75	1.89	99	98	1.269	0.924	0.76	0.33	3.0	5.9
6	44.0	29.1	1.78	1.95	100	100	1.200	0.788	0.69	0.33	3.2	5.4
8	42.7	35.3	1.77	1.86	97	99	1.193	0.964	0.77	0.51	2.9	3.9
10	38.2	35.0	1.80	1.88	96	100	1.081	0.953	0.62	0.51	3.4	3.8
16	41.5	38.5	1.76	1.80	95	97	1.187	1.010	0.63	0.47	3.4	4.3
20	31.4	31.0	1.78	1.81	85	87	1.001	0.965	0.45	0.59	4.4	3.4

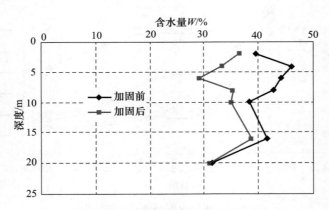

图 2-58 加固前后含水量变化曲线

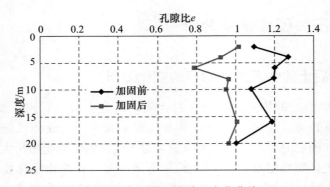

图 2-59 加固前后孔隙比变化曲线

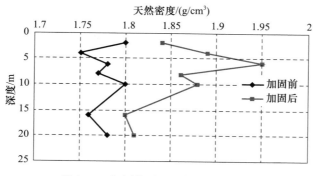

图 2-60　加固前后天然密度变化曲线

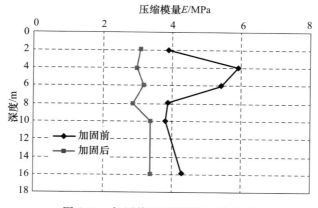

图 2-61　加固前后压缩模量变化曲线

2.8.2　真空负压加固前后地基的原位试验强度分析

该项目在加固前后分别对原状地基及加固后地基进行了十字板剪切试验、静力触探试验、标准贯入试验以检验地基强度的变化及加固效果。通过十字板剪切试验、静力触探试验及标准贯入试验，可对原状土强度与加固后土体强度进行对比分析。2007 年 3 月 28 日至 2007 年 4 月 5 日对真空预压试验区进行试验前的原位十字板剪切、静力触探、标准贯入（初始值）采集工作；在真空预压地基处理完成后，于 2007 年 8 月 15 日至 2007 年 8 月 21 日在各点相近位置完成了加固后原位十字板剪切、静力触探、标准贯入试验检测工作。各试验检测点平面示意图如图 2-57 所示。另外在加固期间 2007 年 6 月 21 日做了一组（S1 孔）原位十字板剪切及一组静力触探试验，但由于种种原因该静力触探结果不正确，故在分析中未被采用。

（1）十字板剪切试验结果分析。

图 2-62 为真空预压加固前、加固期间及加固后 S1 孔的十字板强度试验对比曲线，图 2-63～图 2-65 为真空预压加固前后各检测孔的十字板强度试验对比曲线；图 2-66～图 2-67 为加固后的十字板强度 C_u 值的增长幅度随深度变化曲线，由图 2-67 中曲线可见，加固后 C_u 值的增长幅度集中在 $50\%\sim150\%$ 之间。由图 2-62 中曲线可以看出，真空预压过程中抽真空前期加固区软基强度增长较快，而抽真空后期增长较慢。

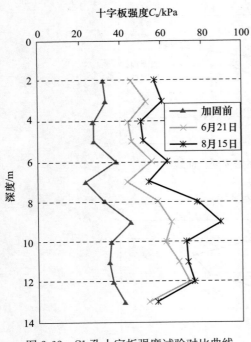

图 2-62　S1 孔十字板强度试验对比曲线

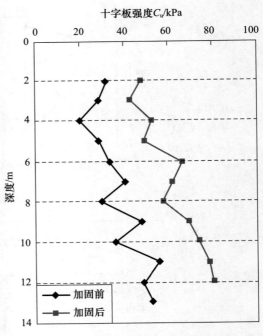

图 2-63　S2 孔十字板强度试验对比曲线

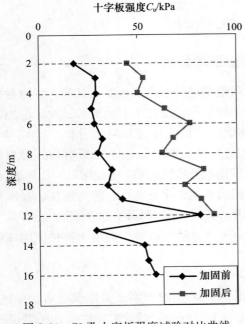

图 2-64　S3 孔十字板强度试验对比曲线

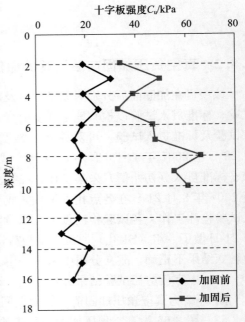

图 2-65　S4 孔十字板强度试验对比曲线

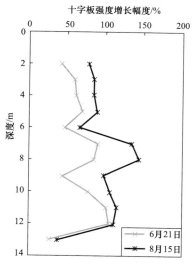

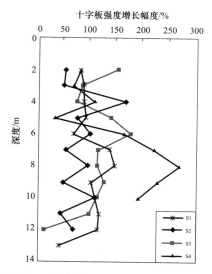

图 2-66　S1 孔十字板强度增幅曲线　　图 2-67　加固后各孔十字板强度增幅曲线

（2）静力触探试验结果分析。

图 2-68～图 2-73 为真空预压加固前后各检测孔静力触探试验对比曲线，加固后的静力触探锥尖阻力 P_s 值增长幅度随深度变化曲线如图 2-74 所示。由图 2-68～图 2-73 中曲线可以看出，经真空预压加固后地基中深度 15m 以上的淤泥质粉质黏土层的加固效果最明显，图 2-74 可以看出 P_s 值增长幅度集中在 50%～150% 之间。

（3）标准贯入试验结果分析。

加固前及加固后分别选取了 3 个孔进行了标准贯入试验，标贯孔位置如图 2-53 所示，试验结果如图 2-75～图 2-77 所示，加固后标准贯入 N63.5 值增长幅度随深度变化曲线如图 2-78 所示。由图可以看出，经真空预压加固后地基 N63.5 值增长幅度集中在 50%～150% 之间。

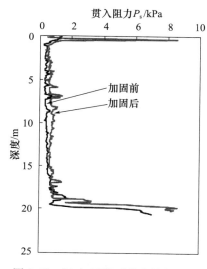

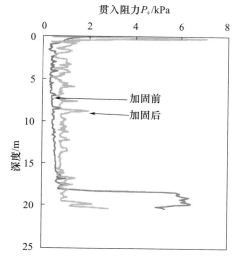

图 2-68　JA 加固前后静力触探曲线　　　图 2-69　JB 加固前后静力触探曲线

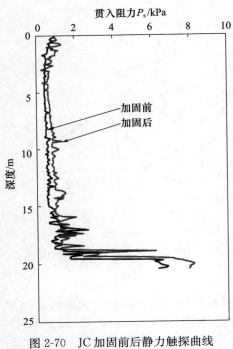

图 2-70　JC 加固前后静力触探曲线

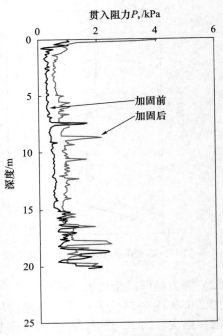

图 2-71　JD 加固前后静力触探曲线

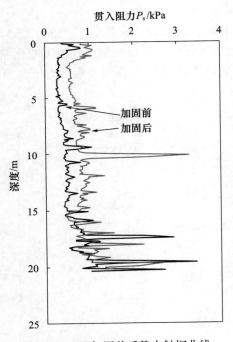

图 2-72　JF 加固前后静力触探曲线

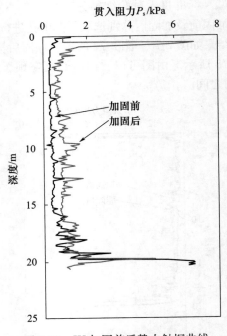

图 2-73　JK 加固前后静力触探曲线

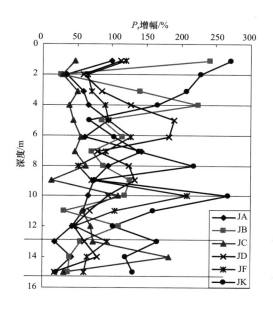

图 2-74　加固后各勘测孔静力触探 P_s 增幅曲线

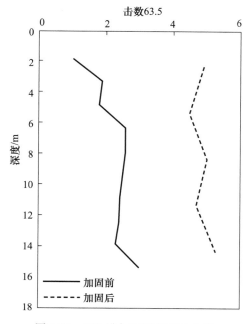

图 2-75　JN1 孔标贯试验对比曲线

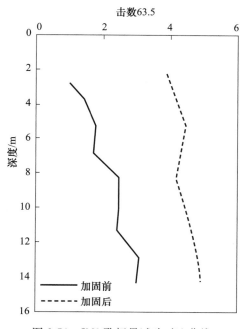

图 2-76　JN2 孔标贯试验对比曲线

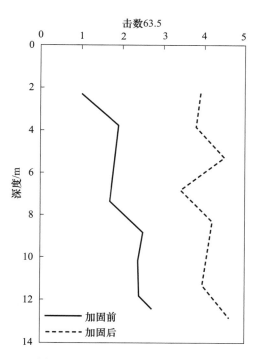

图 2-77　JN3 孔标贯试验对比曲线

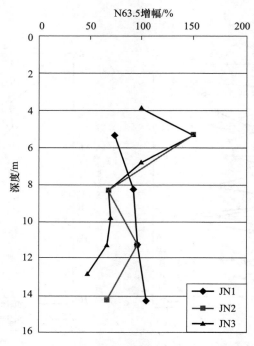

图 2-78　加固后孔静力触探 N63.5 增幅曲线

2.9　改进真空负压排水固结技术简述

2.9.1　低位真空负压法

低位真空负压法是在待加固地基上打设塑料排水板作为竖向排水体，同时在待加固地基表面铺设水平管网作为水平排水体，在管网及真空系统安装完成后，在水平排水体上吹填一定厚度的淤泥作为密封层，然后用真空泵等设备抽真空在密封泥层层底形成负压，使待加固地基中的孔隙水在真空荷载的作用下顺着排水板快速排出，使地基产生沉降，提高承载力，达到加固地基的效果，如图 2-79 所示。该方法用淤泥作为密封层，取消了传统真空预压的砂垫层和密封膜。密封泥层具有密封效果，同时在风吹日晒的蒸发作用及淤泥下管道的真空荷载作用下，也能达到一定的固结程度。与传统真空预压相比，低位真空预压具有以下特点：①采用淤泥土作为真空密封层可以节省材料，并能达到良好的密封效果；②表层淤泥土在风吹日晒的作用以及泥下管道真空压力作用下，泥封层能达到 80％以上的固结度，承载力达到 50kPa 左右，满足一般工程用地的要求；③采用密封集水井水气分离方式抽真空，管网中压力传递均匀，压力损失很小。

2.9.2　气压劈裂真空负压法

气压劈裂真空负压法在常规真空预压基础上，增加了气压劈裂系统（图 2-80）。在地表施加真空荷载的同时，在土体内部间歇性施加高压气体。当高压气体压力超过某一

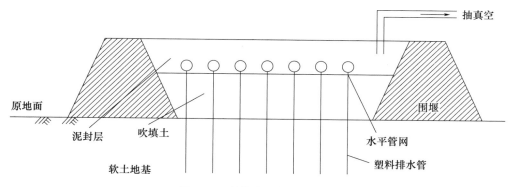

图 2-79　低位真空负压示意图

临界值以后，土体发生劈裂，产生大量裂隙，裂隙与预先打设的塑料排水板组成有效的排水导气网络，一方面可以提高真空荷载向深层土体的传递效率，另一方面可以提高深部土体的渗透性，加速深部超静孔压的消散，加快土体固结，可以缩短预压时间和有效控制工后沉降。该方法在软土地基中的加固深度达到 30m 以上。

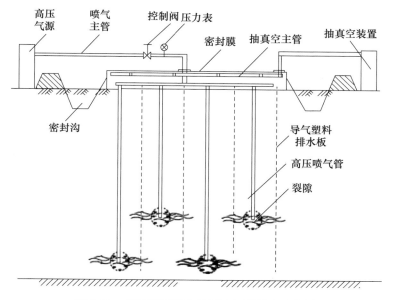

图 2-80　气压劈裂真空负压法加固软土示意图

2.9.3　增压式真空负压法

增压式真空负压通过向土体中注入一定压力的气体，使增压管与排水板之间产生压力差，土中水在压力作用下向排水板定向流动，加快排水效率，进而使得土体有效应力增加，加速土体的固结。该方法的工作原理如图 2-81 所示。与单纯的真空预压技术相比，这种将注气增压和真空预压技术相结合的方法具有缓解淤堵、工程成本低、节约能源、对土体无额外污染的特点。

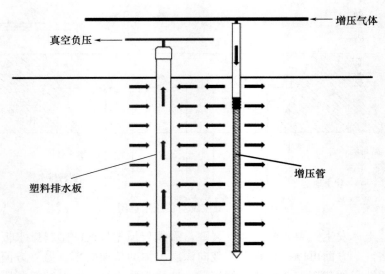

图 2-81   增压式真空负压法工作机理

2.10   本章小结

本章介绍了土体排水固结、堆载排水固结、真空负压排水固结原理以及排水固结法中砂井的计算分析方法。砂井转化为砂墙的分析方法是一种便捷的计算方法。本章详细介绍了真空负压强度及其增长理论，在计算真空负压有效应力增长时，应考虑地下水位下降的影响，真空负压加固软土地基的有效应力增长应由地下水位下降引起的有效应力增加与真空度传递引起的有效应力增长这两部分组成。本章最后介绍了真空负压排水固结的现场应用，通过大量的现场监测数据并综合分析，展现了真空负压排水固结技术的良好效果，得出了该方法强度增长前期快后期慢的规律，为工程应用提供了理论依据。最后简要介绍了近年来真空负压排水固结新技术。

第3章 河湖底泥真空负压脱水固结技术

3.1 疏浚河湖底泥现状及特征

3.1.1 疏浚河湖底泥处理现状

我国每年水利、航运、水环境治理等工程中产生的疏浚河湖底泥达数亿立方米以上，将疏浚河湖底泥吹填入沿河的堆场中进行堆场处置是目前疏浚河湖底泥处置的重要方式。疏浚河湖底泥是对河流、湖泊等水体的沉积物进行疏浚作业而产生的泥水混合物。河湖底泥成因是工业废水、生活污水、城市地表径流和大气降水等进入水体后，其中的颗粒物、胶体物质和水溶性盐类通过吸附、络合、化学反应等物理化学过程，并在一定水力条件下沉积到水体的底部，形成沉积物。根据疏浚工艺不同，得到的淤泥含固率在10%～40%之间。部分疏浚河湖底泥受重金属、多氯联苯等有毒有害物质污染，须进行适当的处理和处置。

由于我国以水力疏浚为主，产生的疏浚河湖底泥含水率极高，强度几乎为零。疏浚河湖底泥吹填入堆场后，往往在自重作用下发生沉积后，形成超软土。沉积完成后，处于超软土状态的疏浚河湖底泥会发生自重固结，同时，表面逐渐发生蒸发，最终形成可用的土地资源。需要指出，这些堆场中的疏浚河湖底泥要形成可用的土地资源，沉积、固结和蒸发的过程往往需要经历5～10年的漫长时间。因此，疏浚河湖底泥堆场一般占用大量土地资源的时间较长，这不仅会大幅度提高疏浚工程造价，而且会因征地补偿不均等问题引发不良社会效应，如图3-1所示。

图 3-1　疏浚河湖底泥

为了能够加速堆场中的疏浚河湖底泥转变为可利用的土地资源，工程界一般需要对疏浚河湖底泥进行快速处理，比如在疏浚河湖底泥自重沉积阶段进行促沉处理，目的在于加快疏浚河湖底泥的自重沉积速率，减小疏浚河湖底泥体积，提高堆场的利用效率，从而达到减少征地的目的。需要指出，沉积后的疏浚河湖底泥的含水率仍然较高，一般为土样液限的2～3倍，仍无法直接作为土地资源直接运用，需要进一步处理。目前，对于沉积后的疏浚河湖底泥，一般有两种处理方式，一种是进行真空负压处理，另一种是进行固化处理。真空负压处理，即在河湖底泥中打设排水体，减小疏浚河湖底泥中水的排除通道，再利用真空负压将河湖底泥中的水排出。固化处理则是向疏浚河湖底泥中加入水泥、石灰等固化材料，固化材料与土颗粒发生水化反应，形成胶结物质，从而达到提高疏浚河湖底泥强度的目的。

3.1.2　疏浚河湖底泥沉积特性

由于水力疏浚产生的疏浚河湖底泥含水率特别高，因此，在吹填入堆场后，首先会发生自重沉积，如图 3-2 所示。

图 3-2　河湖底泥自重沉积

Work、Kohler 和 Fitch 均将泥浆中土颗粒的沉降方式分为 3 种，分别称为单颗粒沉降、阻碍沉降和固结沉降。单颗粒沉降，是指在泥浆浓度较低时，土颗粒与颗粒间的距离较大，相互的影响可以忽略，此时的沉降与单颗粒在静水中的沉降相似，符合 Stocks 定律，所以被称为单颗粒沉降；当泥浆的浓度增加时，土颗粒间距离显著减小，沉降过程中土颗粒间以水为媒介，相互间产生影响，该沉降方式被称为阻碍沉降，阻碍沉降发生时，出现泥水分界面；当泥浆浓度继续增大时，土颗粒相互接触，土颗粒的沉降是由土体在自重作用下固结引起的，所以该沉降方式被称为固结沉降。

Imai 考虑了土颗粒絮凝的影响，将土颗粒的沉降方式增加至 4 种，分别为分散自由沉降（dispersed free settling），絮凝自由沉降（flocculated settling），阻碍沉降（hindered settling），固结沉降（consolidation settling）。显然，分散自由沉降、阻碍沉降、固结沉降与 Work、Kohler、Fitch 等人所述的土颗粒的 3 种沉降方式对应，区别的是，Imai 认为当含水率降低时，土颗粒相互间会絮凝形成絮团，土颗粒是以絮团形式沉降，所以增加了絮凝自由沉降。现有研究显示，疏浚河湖底泥的含水率或浓度是影响其沉降方式的重要因素。随着含水率或浓度的变化，土颗粒相互间的影响、水对土颗粒的影响均会导致土颗粒的沉降方式发生变化。

　　Imai 将泥面保持稳定的阶段称为絮凝段，絮凝段持续的时间称为絮凝时间，Imai 的试验结论显示，絮凝时间与泥浆的初始含水率相关，随初始含水率的增大而减小。由于絮凝段的存在，Imai 将自重沉积分为 3 个阶段，为絮凝段、阻碍沉降段、固结段。Imai 在自行设计的沉降柱中对多种疏浚泥开展自重沉积试验，该沉降柱可以测定自重沉积过程中不同深度处泥浆的含水率。疏浚泥自重沉积示意图如图 3-3 所示。图中在试验初期存在絮凝阶段（floculation stage），该阶段泥面基本稳定，并且泥浆的含水率与初始含水率相等；在阻碍沉降（沉积阶段）时，上部泥浆受到水流的拖曳作用，导致含水率大于初始含水率。由于考虑到土颗粒沉积后在自重作用下会发生固结，所以土形成线为下凹的曲线。阻碍沉降结束后，由于自重固结的影响，泥水分界面在 $s\text{-}t$ 曲线中为下倾的斜线。

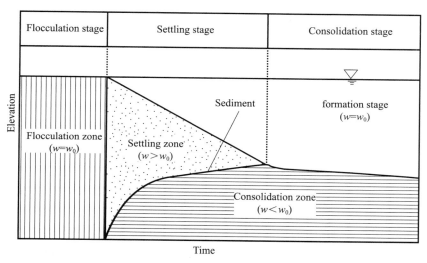

图 3-3　自重沉积示意图（Imai1981）

3.1.3　疏浚河湖底泥真空负压淤堵现象

　　在真空固结过程中竖向排水体周围会形成隆起的以排水体为中心轴的压密层，实际工程中往往称为"土桩"，其空间分布形态类似于上下直径不等的倒锥体。例如在天津、连云港等地区的工程实例中形成的"土桩"直径为 50～60cm；国内某滨海新区围海吹填形成的大面积陆域真空试验中形成了直径 10～20cm 的"土桩"，在抽真空结束后"土桩"直径扩大到 20～30cm；在温州工程实例中形成的"土桩"直径为 10～20cm。

　　"土桩"倒锥体的表面是一个土体强度临界面，土体强度与距排水板距离呈现明显的规律性，"土桩"范围内土体强度明显高于周围土体，例如：基于十字板剪切试验，我们发现"土桩"范围内土体强度是周围土体的 1.5～2.0 倍；在国内某滨海新区围海吹填形成的大面积陆域真空试验中，"土桩"范围内土体强度约为 4～8kPa，而周围土体强度仅为 2～4kPa；在温州工程实例中，"土桩"范围内土体强度较高，土体硬，而周围土体强度低，形态类似于稀泥状。

"土桩"的形成是一个循序渐进的过程,"土桩"范围之外的软弱化泥经过排水固结作用吸附在已形成的"土桩"周边,而"土桩"与"土桩"之间则是典型的欠加固带,强度很低。

根据以往的工程经验,常规的真空负压技术在真空固结高含水率疏浚泥时的效果并不理想,只有在初期排水速率较大,后期排水速率、泥面沉降速率迅速减小。常规的真空负压技术在排水体周围的淤堵问题,沿排水体径向处理效果不同步等方面存在问题,亟待解决和完善。

真空负压的处理效果受控于疏河湖底泥性质,其主要原因为:不同性质的疏河湖底泥其黏粒含量、液限不同、渗透系数差异大,从而导致排水速率不同,真空负压效果差异大。冯军、刘爱民等对黄骅电厂试桩区进行真空负压加固,因土黏粒含量较大、透水性较差,真空负压150d后地基承载力仍达不到设计要求。

真空荷载的施加是疏河湖底泥中产生超静孔隙水压力的直接原因,所施加的真空荷载的大小对真空排水固结效果有较大的影响。然而传统真空负压工艺中,真空负压一直保持在高位,固结处理的效果并不理想,孔隙结构不稳定,排水管道易淤堵,"土桩"范围内渗透系数快速减小,排水能力下降。随着"土桩"范围的逐渐增大,传递到范围外的真空荷载逐渐减小,当泥层厚度达到一定的界限值时,真空排水作用达到稳定状态,不再排水。因此,研究不同的真空荷载条件下高含水率疏浚泥的真空负压固结具有重要的工程意义。

3.1.4 疏浚河湖底泥真空负压排水固结技术

疏浚河湖底泥真空负压排水固结技术是利用大气压力作为负压荷载的一种负压排水固结方法,它是在拟加固的疏浚河湖底泥场地上,先打设竖向排水体和铺设水平排水层,然后在其上覆盖大约2~3层不透气的薄膜,并沿四周埋入疏浚河湖底泥中形成密封,保证四周不会出现漏气等现象存在,在真空泵抽水和气形成负压作用下,在膜内和空气之间形成真空负压界面,在这个时候,埋在疏浚河湖底泥中的吸水管抽取孔隙水和气,使疏浚河湖底泥排水固结。在抽真空前,膜上下均受一个大气压 P_0 作用,抽真空后,膜下及疏浚河湖底泥内部的负压压力逐渐下降,稳定后压力为 P_1,膜上下形成压力差 $\Delta P = P_0 - P_1$,这个压力差我们也可以称为真空度。膜下真空负压通过竖向排水体传至疏浚河湖底泥的底部并形成疏浚河湖底泥底层负压源,在其作用下疏浚河湖底泥内形成负超静孔隙水压力 $\Delta u < 0$,总孔隙水压力下降。在形成真空度瞬时($t = 0$),超静孔隙水压力 $\Delta u = 0$,有效应力增量 $\Delta \sigma = 0$;随着抽真空的延续,超静孔隙水压力不断下降,有效应力不断增大;至 $t \to 0$,$\Delta u = -\Delta P$,$\Delta \sigma = \Delta P$。由此可见,真空负压过程中,在真空作用下,土中孔隙水压力不断降低,有效应力不断提高,疏浚河湖底泥固结压缩、强度提高。真空负压加固疏浚河湖底泥的技术关键是在地基中形成稳定和具有足够真空度的负压源。

真空负压设计的内容除排水系统外,主要还包括膜下真空度、疏浚河湖底泥层固结度、疏浚河湖底泥变形计算、疏浚河湖底泥强度增长计算等。

(1)膜内真空度。根据国内一些工程的经验,在采用合理工艺和设备前提下,膜内真空度可达600mmHg(即负压荷载80kPa)以上,该值可作为最低膜内设计真空度。

(2)平均固结度。加固区受压疏浚河湖底泥层的平均固结度设计值应大于80%。

（3）真空负压加固范围确定。每块负压面积尽可能大并且最好相互连接，形状最好为正方形。

（4）密封膜与密封沟设计。密封膜一般铺设 2～3 层。密封膜四周通过密封沟埋入疏浚河湖底泥层，密封沟深度必须穿透疏浚河湖底泥层。

（5）真空负压所需抽真空设备的数量，取决于疏浚河湖底泥加固面积的大小和形状、结构特点等。开始抽真空压力上升和稳定初期，施工中压力稳定一段时间后可逐步均匀减少抽真空设备，但停泵数不得大于总泵数的 1/3～1/2。

（6）排水管设计。真空负压中排水管既起传递真空压力的作用，也起水平排水的作用。分主管和支管（滤管）两种。主管为直径 75mm 或者 90mm 的硬 PVC 管，一般在加固区内沿纵向布置 1～2 条。支管为每隔 50mm 钻一个直径为 8～10mm 的小孔，外包 250g/m² 土工布的直径 50mm 或者 75mm 的硬 PVC 花管，一般在加固区内沿横向布置，间距 6m 左右。

3.1.5　疏浚河湖底泥真空联合堆载负压排水固结技术

真空负压法加固地基具有施工工期短、无须分级加载等优点，但真空负压方法最大加载值为 80kPa 左右，对于荷载较大、承载力和沉降要求较高的疏浚河湖底泥基层，往往需要与其他方法联合使用。堆载负压方法技术可靠且费用较为节省，但堆载需要分级施加，且工期较长。根据两种方法加固作用的可叠加性及互补性，将两种方法联合应用从而形成真空联合堆载负压排水固结的方法。

真空联合堆载负压是利用真空负压和堆载负压两种荷载同时作用，促使土体中的孔隙水加速排出，降低土中孔隙水压力，增加有效应力，加快土体固结，形成两种荷载作用的叠加。同时，由抽真空引起的负超静孔隙水压力和由堆载引起的超静孔隙水压力可以产生部分抵消应力，使土体在快速堆载时不致产生过高的超静水压力，从而也保证了工程施工时的稳定。

真空联合堆载负压的设计如下：

（1）负压步骤的设计：在实施真空排水负压和堆载负压的联合加固时，二者的顺序可以是先在疏浚河湖底泥的场地上进行真空负压，直到真空荷载下沉降变形速率缓慢，被加固的土体有一定的强度之后再在膜上堆载进行联合加固；也可以是二者基本同步进行，即膜下真空度稳定在 600mmHg 以上（相当于 80kPa 以上的等效压力）5～10d 后，进行堆载负压，开始真空联合堆载负压。

（2）真空单独负压阶段，排水通道等设计和要求同上述的真空负压方法。

（3）堆载阶段，加载荷载分级及分级荷载加载速率、负压荷载大小及负压时间参考单独进行堆载负压的设计方案。

真空联合堆载负压法应特别注意一些问题：

（1）为了防止堆载过程中损坏密封膜，应对真空密封膜进行保护，可在膜上和膜下分别铺设一层热粘或针刺无纺土工布或机织土工布。

（2）真空负压压力稳定至设计要求值以上 5～10d 后开始堆载，其中采用填土方式加载时第一层填土的松铺厚度不宜小于 400mm，不得强振碾压，再加上其下土质较软等原因密实度要求不能过高，一般要求压实度为 0.88～0.90。

（3）施加每级荷载前，均应进行固结度、密度增长和稳定性验算，满足要求后方可施加下一级荷载。

（4）当堆载中使用的荷载是水时，对在疏浚河湖底泥加固区四周的地方做好密封和加固，避免发生大面积涌出扩散，造成不必要的事故发生。

3.1.6 疏浚河湖底泥排水固结的排水体

（1）水平排水体设计。

水平排水体主要作用如下：

①水平排水作用，排水体通常由透水性好的材料制成，以确保水分能够顺利渗透和排出。

②在真空负压法中起传递真空的作用。

水平排水体的基本要求如下：

①应具有良好的透水性和一定厚度的过水断面，以便排水畅通。

②在荷载作用下不应拉断裂、减薄、剪切错位，失去其连续排水作用。

③具有反滤性能，避免淤堵现象的出现，失去其排水作用。

（2）竖向排水体设计。

竖向排水体主要作用：在疏浚河湖底泥处放置竖向排水板，可以缩短排水距离，改善排水条件，有效加快疏浚河湖底泥排水固结。

竖向排水体的选用：应该根据疏浚河湖底泥的特性以及周边实际情况、打入深度、材料来源、施工的条件等等，塑料排水带（板）质轻价廉，具有足够的通水能力，施工简便，工厂制造，质量易于保证，一般情况应优先选用。

竖向排水体的材料要求如下：

①具有足够的通水能力，井阻小，确保打入深度范围内排水畅通，以利于固结；

②滤膜应具有良好的渗透性和反滤性，确保疏浚河湖底泥顺利渗入排水带内，而又不产生淤堵；

③具有一定的弹性和抗拉强度，以满足储运、施工和在原位条件下不被拉断、撕破、卷曲、弯折和压裂，具有化学稳定性，不溶解、不膨胀、不污染环境；

④成型良好，满足尺寸的要求等。

3.2 疏浚河湖底泥排水室内模型试验研究

3.2.1 试验材料

（1）底泥。

试验采用当地的河湖底泥。底泥的基本参数见表3-1，粒径分布如图3-4所示。

表3-1 底泥的基本参数

名称	含水率 w/%	重度 γ/（kN/m³）	液限/%	塑限/%
河湖底泥	73.4~80.2	18	37.38	20.6

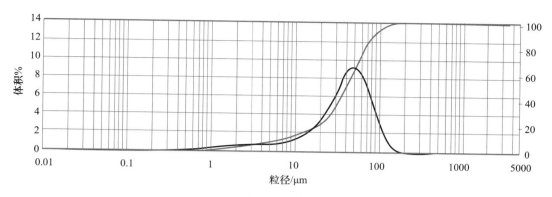

图 3-4　试验前底泥颗粒粒径分布

（2）秸秆。

试验采用当地的水稻秸秆、小麦秸秆、油菜秸秆，如图 3-5～图 3-7 所示。

图 3-5　水稻秸秆

图 3-6　小麦秸秆

图 3-7　油菜秸秆

3.2.2　试验仪器

（1）底部真空排水固结试验系统。

底部真空排水固结试验系统如图 3-8 所示。试验设备采用自制的底泥深部真空排水固结试验系统，由试验模型箱、气水分离器、抽真空装置组成。模型箱自下而上由隔板、透水土工布、淤泥层和密封膜组成。

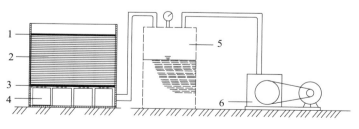

（a）示意图

（b）试验模型

图 3-8　单次排水条件下的污泥脱水试验装置

1—密封膜；2—污泥；3—透水土工布；4—真空负压；5—气水分离器；6—真空泵

（2）扫描电镜。

扫描电镜采用韩国生产的 Coxem EM-30 PLUS desktop scanning electron microscope（Kussem，South Korea），包括电子显微镜、主机、喷金仪等等，如图 3-9 所示。

(a) 电子显微镜

(b) 喷金仪

图 3-9　扫描电镜

（3）激光粒度分析仪。

试验采用激光粒度分析仪，如图 3-10 所示。

（4）数据采集仪。

试验采用数据采集仪来采集孔隙水压力，如图 3-11 所示。

图 3-10　激光粒度分析仪

图 3-11　数据采集仪

3.2.3　试验分组

本试验方案根据秸秆种类、秸秆层数，确定试验方案共 6 组，共计试验组数为 6 组，分别为无秸秆层试验、三层水稻秸秆试验、两层水稻秸秆试验、一层水稻秸秆试验、三层油菜秸秆试验、三层小麦秸秆试验，其中每层秸秆的厚度为 2cm，为了保证秸秆层的压实性，在试验过程中，先横铺 1cm 秸秆，再竖铺 1cm 秸秆；底泥厚度为 20cm，试验过程中需要填入两层底泥；同时在距离模型底部 0、10、20、30、40cm 处安放孔隙水压计以及真空计。试验组装模型如图 3-12 所示，其中 A～E 为真空计放置测点，Ⅰ～Ⅴ为孔压计放置测点。在经过试验气密性测试后，各组试验参数见表 3-2。

标尺设置在透明模型箱的外壁上，用于监测液位和污泥层厚度的变化；将气水分离器放置在精密电子秤上，测量污泥排放量。真空探头和微孔水压计分别嵌入污泥层的顶部、中部和底部。传感器的位置如图 3-12（b）所示。

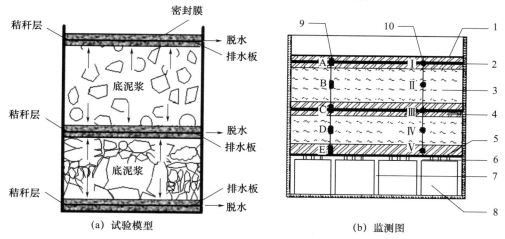

（a）试验模型　　　　　　　（b）监测图

图 3-12　室内试验模型及监测示意图

1—密封膜；2—排水板；3—河湖底泥；4—秸秆层；5—渗水土工布；
6—架空隔板；7—架空支撑；8—底部架空层；9—真空度测点；10—孔压计。

表 3-2　试验方案

试验方案	模型结构
方案一	无秸秆，40cm 厚底泥
方案二	2cm 水稻秸秆＋40cm 厚底泥
方案三	2cm 水稻秸秆＋40cm 厚底泥＋2cm 水稻秸秆
方案四	2cm 厚水稻秸秆＋20cm 厚底泥＋2cm 厚水稻秸秆＋20cm 厚底泥＋2cm 厚水稻秸秆
方案五	2cm 厚小麦秸秆＋20cm 厚底泥＋2cm 厚小麦秸秆＋20cm 厚底泥＋2cm 厚小麦秸秆
方案六	2cm 厚油菜秸秆＋20cm 厚底泥＋2cm 厚油菜秸秆＋20cm 厚底泥＋2cm 厚油菜秸秆

试验准备完成，启动真空泵，记录试验数据。每组试验结束后取污泥样品测定最终含水量。

3.2.4　分析方法

（1）累计排水量。

气水分离器收集试验排出的液体，电子秤实时记录所排出液体的累计质量，通过观察累计排水质量随时间的变化，可以直观反映试验过程中底泥排水效果的变化。

（2）含水率的变化。

试验目的之一是降低底泥含水率，因此含水率的变化分析能直观反映农作物秸秆对底泥排水的效果变化。每组试验前后的含水率是不同的，试验过程中根据各个深度处含水率相较试验前含水率的变化，可以直观地分析出秸秆对底泥排水固结的效果。

初始含水率为 w_1，试验后含水率为 w_2，则含水率变化为 x，x 计算如下：

$$x = w_1 - w_2$$

（3）沉降量的变化。

本试验通过分析沉降量变化大小，得出不同时刻剩余底泥厚度，来反映底泥沉降的变化。

（4）排水速度的变化。

排水速度的变化可以反映农作物秸秆排水体的淤堵效果，随着排水体淤堵加剧排水速度随之下降，排水速率可直观看出不同时间段内底部真空底泥排水效果。

（5）上层清液厚度的变化。

本试验通过分析上层清液厚度的变化来得出不同时刻底泥排水的程度，并由此来分析出秸秆对底泥排水固结的效果。

（6）扫描电镜分析。

试验后的底泥样本、秸秆、土工布在烘箱里烘干后，采用扫描电子显微镜对样本进行分析。采用放大位数分别为 200、500、1000、2000 倍。

（7）粒径分析。

采用激光粒度分析仪测定底泥粒径分布，用水将试验前后的底泥样品稀释成混合液，测定后分析其变化。

（8）排水率分析。

本试验通过分析试验后排出的水量与试验前投入的水量之比来区分秸秆排水固结性能的好坏，设试验前土颗粒的质量为 m_s，试验前水的质量为 m_{w1}，试验后水的质量为 m_{w2}，试验前的含水率为 w_1，试验后的含水率为 w_2。则排水率为 y，y 的计算如下：

$$y = \frac{m_{w1} - m_{w2}}{m_{w1}} = \frac{m_{w1} - m_{w2}}{m_s w_1} = \left(\frac{m_{w1} - m_{w2}}{m_s} \right) \times \frac{1}{w_1} = \frac{w_1 - w_2}{w_1}$$

（9）统计分析。

为了清晰地比较各组试验后的排水固结效果，先利用 SPSS 对距底部各个深度含水率的变化、排水率共 6 个变量进行成分分析，计算出每一组试验的最终得分，得分越高排水固结效果越好。

3.2.5　小结

本节介绍了河湖底泥真空负压快速脱水模型系统以及试验材料、研究方案、分析方法。结果如下：

（1）试验材料采用河湖底泥、三种农作物秸秆；试验设备采用以真空泵、电子秤、气水分离器、脱水模型箱组成的河湖底泥真空负压快速脱水模型系统进行试验。试验中通过真空计采集不同深度处的真空度，利用数据采集仪以 128Hz 的频率采集孔隙水压力，并以激光粒度分析仪对试验前后的底泥进行粒度分析，以扫描电镜对试验前后的土工布、秸秆、底泥拍摄电镜扫描图并加以对比。

（2）为了研究不同层数的秸秆对底泥排水固结效果的影响，提出方案一、二、三、四进行研究分析；为了研究不同排水体对底泥排水固结效果的影响，提出方案四、五、六进行研究分析。

（3）利用最大方差法对试验后的含水率变化量、排水率进行统计分析，通过将数据标准化处理、计算因子权重来得到每组试验的最后得分并进行效果对比。

3.3　无秸秆河湖底泥排水固结试验研究

3.3.1　无秸秆河湖底泥排水固结试验过程

（1）搅拌均匀足够并且已经达到液限含水率的底泥试样，并测出其含水率。

（2）在模型底部平铺土工布，并用硅胶粘贴以确保密封性，在试验过程中不能让底泥渗入，如图 3-13 所示。

（3）粘贴孔隙水压计、真空计。在距离底部 0、10、20、30、40cm 处划线并设置孔隙水压计以及真空计，如图 3-14 所示。

图 3-13　底层土工布铺设完毕　　　　图 3-14　孔隙水压计、真空计设置图

（4）开始填入达到液限含水率的底泥 40cm，如图 3-15 所示。

（5）密封土工膜，连接试验仪器，如图 3-16 所示。关闭模型箱排水阀门，打开气水分离器吸气阀门以及真空泵，直至真空荷载达到 85kPa。

图 3-15　已填入 40cm 底泥　　　　图 3-16　设备已铺好土工膜

（6）打开模型箱排水阀门，开始数据采集，本次试验采集 24h，采集的量分别有真空度、孔隙水压力、排水量、沉降量、上层清液厚度。

（7）试验结束后，拆解模型箱内土，在距离底部 10、30cm 处分别取土样测其含水率作为底层土与上层土的试验后含水率。

（8）处理孔隙水压力计数据，每 10min 一个点，24h 共 144 个点并绘制出其点线图。

（9）冲洗模型箱，准备下一组试验。

3.3.2 无秸秆试验结果分析

为了分析方便，提出了一种分析有秸秆底泥排水固结效果的比较方法，研究了无秸秆排水体时的排水效果，并通过本试验与其他试验的对比揭示有无秸秆排水时有秸秆试验排水的有效程度。

（1）真空荷载变化。

由图 3-17 可见，无秸秆试验真空荷载并无明显变化，且一直保持真空泵所能抽取最大值负压－85kPa。说明本试验装置在本次试验 24h 内气密性良好、试验数据精准，可以作为其他试验的对比。

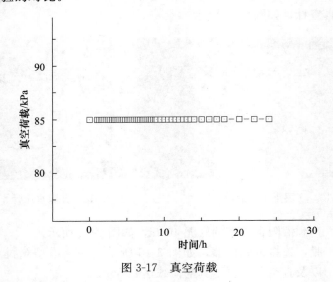

图 3-17 真空荷载

（2）装置内试样在 24h 中各个深度的真空度变化。

如图 3-18 所示，在不同深度真空压力无明显变化，保持为零，存在原因较多，分析主要原因为底泥过于均匀，无秸秆加速排水使得真空度变化不明显。

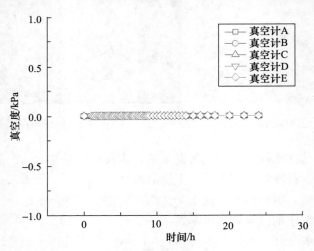

图 3-18 不同深度处真空度随时间的变化规律

（3）排水质量变化。

如图 3-19 所示，底泥在 24h 内排水的质量变化为：在 0～5h 内有明显变化，在 5～15h 排水质量达到 15kg 时排水质量缓慢增长，在 15～24h 内排水质量变化逐渐减小并在第 24h 稳定在 29.4kg。

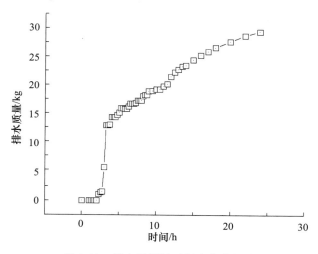

图 3-19　排水质量随时间变化的规律

（4）底泥排水速率变化。

提出底泥排水速率来替代底泥排水量反映不同秸秆对底泥排水效果的影响，由图 3-20 计算斜率可知，无秸秆试验排水速率由试验初期的 4.4kg/h，在 0～5h 内迅速上升至最大值 29.2kg/h，后又在 24h 内逐渐稳定降低到最终的 0.35kg/h，本组试验排水速率在试验 0～5h 内快速上升，在 5～10h 内快速下降，在 10～24h 内缓慢下降后保持稳定。

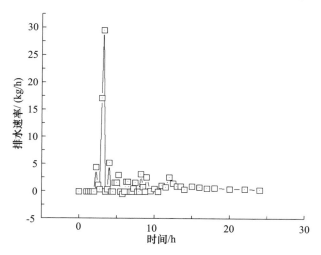

图 3-20　排水速率随时间变化的规律

（5）底泥含水率变化。

由试验前后试样测得含水率可知，见表 3-3，试验初期平均含水率为 77.1%，经过 24h 试验后，无秸秆试验最下层土含水率下降到 56%，上层土含水率下降到 67%，下层土变化约为 21.1%，上层土变化约为 10.1%。试验后含水率如图 3-21 所示，含水率变化量如图 3-22 所示。

表 3-3 底泥含水率试验前后变化

试验前土样含水率	试验后含水率		
	深度	含水率	含水率变化
77.1%	距底部 0cm	56%	21.1%
	距底部 10cm	56%	21.1%
	距底部 20cm	61.5%	15.6%
	距底部 30cm	67%	10.1%
	距底部 40cm	67%	10.1%

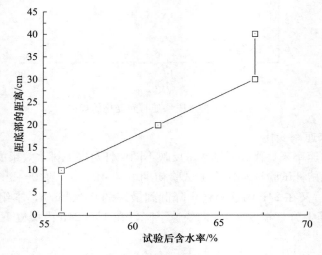

图 3-21 试验后含水率

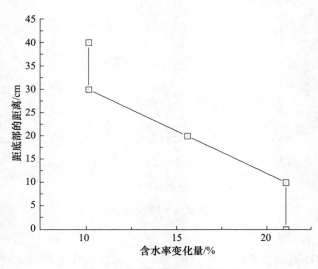

图 3-22 试验后含水率变化量

（6）排水率的变化。

试验后的平均含水率为 61.5%，试验前的含水率为 77.1%，则排水率为 20.2%。

（7）底泥平均沉降量的变化。

为了研究平均底泥沉降量的变化，现以模型中心处的沉降作为平均沉降进行记录，由图 3-23 可知，试验平均沉降量在 0～5h 内变化非常明显，在 5h 时底泥沉降量达到 5.57cm，在接下来的时间逐渐增加并稳定在 6.41cm。

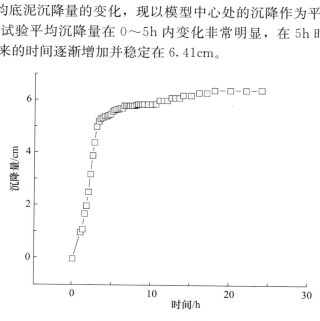

图 3-23 底泥平均沉降量随时间的变化规律

（8）试验上层清液变化现象。

由于在真空负压的作用下，试验装置中发生了液体上涌的现象，为了记录上层清液的变化曲线，记录模型中心处的上层清液厚度为反映抽水的效率进行反馈。实时数据如图 3-24 所示，在 0～8h 内上层清液厚度稳定在 1cm 左右，在 8～10h 内上层清液厚度逐渐下降至 0.8cm，随后在 10～18h 稳定，后在 18～24h 逐渐下降并接近零结束。

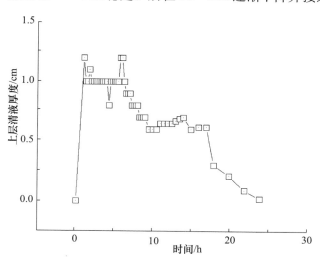

图 3-24 上层清液厚度随时间的变化规律曲线

（9）不同深度孔隙水压力变化。

为了实时观察并分析底泥内部不同深度处的水压力变化值，记录不同深度处的孔隙水压力值。因为真空负压的原因，孔隙水压力为拉力，所以为负值。由图 3-25 可知，模型底泥孔隙水压力变化趋势为逐渐变大，不同深度处孔隙水压力变化为由下到上逐渐变大。

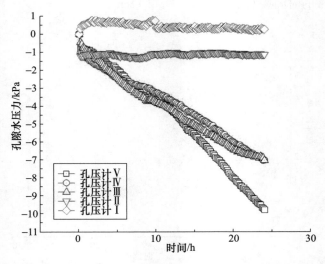

图 3-25　不同深度处的孔隙水压力随时间变化的规律

（10）粒径分析。

从图 3-26 中可以看出，底泥颗粒粒径主要分布在 $1\sim100\mu m$ 范围内，根据与试验前底泥颗粒粒径的比较发现，在真空荷载的作用下，随着时间的变化，粒径由 $10\sim110\mu m$ 逐渐降低到 $1\sim100\mu m$，其中 $10\mu m$ 级的颗粒占大多数。

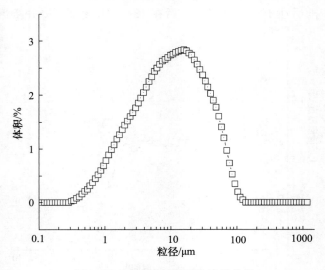

图 3-26　试验后底泥颗粒粒径分布

3.3.3　小结

根据以上试验现象分析发现，无秸秆试验真空荷载稳定在最大值，说明装置的气密性良好，但是不同深度处的真空度并未有明显变化，说明无秸秆试验的排水效率并不是很好。试验后的排水质量为 29.4kg。排水的速率有明显的变化且最大时为 29.2kg/h。试验前的底泥平均含水率为 77.1%，试验后的下层底泥含水率为 56%，上层的底泥含水率为 67%。下层底泥含水率减少了 21.1%，上层底泥含水率减少了 10.1%。排水率为 20.2%。上层清液的厚度随时间变化开始逐渐变大至 1，后又随时间逐渐降低至 0，沉降量随时间的变化稳定在 6.41cm。不同深度孔隙水压力变化基本一致，随时间变化逐渐变大并且表现为拉力，并由下至上吸力越来越大，试验后土样的粒径分布主要集中在 1～100μm。随着真空荷载作用时间延长，颗粒粒径还在不断减小。

3.4　水稻秸秆河湖底泥排水固结试验研究

3.4.1　三层水稻秸秆河湖底泥排水固结试验过程

（1）搅拌均匀足够并且已经达到液限含水率的底泥试样，并测出其含水率。

（2）在模型底部平铺土工布，并用硅胶粘贴以确保密封性，在试验过程中不能让底泥渗入。

（3）粘贴排水板，为了使排水板不被底泥堵塞，需要将排水板一侧与土工布粘贴，另一侧用胶带密封。共设置六道排水板，其中三道排水板设置在第二层，另三道设置在第三层，放置如图 3-27 所示。

（4）粘贴孔隙水压计、真空计。在距离底部 1、12、23、34、45cm 处划线并设置孔隙水压计以及真空计。

（5）为了保证秸秆的压实性，先横铺 1cm 水稻秸秆，再竖铺 1cm 水稻秸秆，并使真空计与孔压计设置在秸秆层中间，如图 3-28 所示。

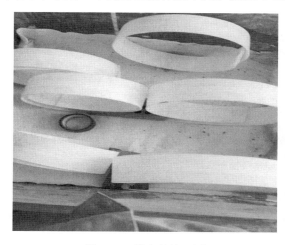

图 3-27　排水板放置图

图 3-28　底层秸秆铺设完毕

（6）开始填入达到液限含水率的底泥 20cm，如图 3-29 所示。

（7）为了保证秸秆的压实性，继续横铺 1cm 水稻秸秆，再设置第二层排水板并使真空计与孔压计设置在秸秆层中间，再竖铺 1cm 水稻秸秆，如图 3-30 所示。

图 3-29　已加入 20cm 底泥　　　　　　图 3-30　第二层秸秆铺设完毕

（8）继续填入达到液限含水率的底泥 20cm。

（9）为了保证秸秆的压实性，继续横铺 1cm 水稻秸秆，再设置第三层排水板并使真空计与孔压计设置在秸秆层中间，再竖铺 1cm 水稻秸秆，如图 3-31 所示。

图 3-31　第三层秸秆铺设完毕

（10）密封土工膜，连接试验仪器，关闭模型箱排水阀门，打开气水分离器吸气阀门以及真空泵，直至真空荷载达到 85kPa。

（11）打开模型箱排水阀门，开始数据采集，本次试验采集 12h，采集的量分别有真空度、孔隙水压力、排水量、沉降量、上层清液厚度。

（12）试验结束后，拆解模型箱内土，在距离底部 0、10、20、30、40cm 处分别取土样测其含水率作为底层土与上层土的试验后含水率。

（13）处理孔隙水压力计数据，每 10min 一个点，12h 共 72 个点并绘制出其点线图。

（14）冲洗模型箱，准备下一组试验。

3.4.2　三层水稻秸秆试验结果分析

为了分析方便，提出了一种分析底泥排水固结效果的比较方法。本试验设置了两组水稻秸秆试验，分别为 2cm 厚水稻秸秆＋20cm 底泥＋2cm 厚水稻秸秆＋20cm 底泥＋2cm 厚水稻秸秆试验组、2cm 厚水稻秸秆＋40cm 河湖底泥＋2cm 水稻秸秆试验组。既比较了两组试验的排水固结效果，也揭示了水稻秸秆排水固结的有效程度。

（1）真空荷载变化。

由图 3-32 可见，水稻秸秆试验真空荷载有明显变化，最开始保持在－85kPa，随时间的变化而降低至－75kPa，最后稳定在－70kPa。说明本试验装置在本次试验 12h 内气密性良好、试验数据精准，可以作为其他试验的对比。

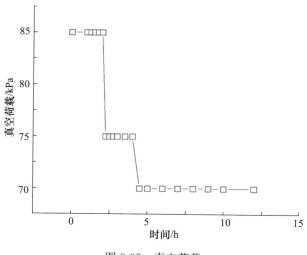

图 3-32　真空荷载

（2）装置内试样在 12h 中各个深度的真空度变化。

如图 3-33 所示，在不同深度真空压力有明显变化，均为逐渐上升，从下至上真空度逐渐提高，最大可达到 48kPa 左右，最低可达到 35kPa 左右。不难发现三层秸秆的真空度在 2h 内发生明显上升并由下而上逐渐升高，两层底泥真空度略大于相邻两秸秆层真空度，由下而上逐渐变大。

（3）排水质量变化。

如图 3-34 所示，底泥在 12h 内排水的质量变化为：在 0～5h 内有明显变化，在 5～8h 排水质量达到 35.21kg 时排水质量缓慢增长，在 8～12h 内排水质量变化逐渐减弱并在第 12 小时稳定在 48.34kg。

（4）底泥排水速率变化。

提出底泥排水速率来替代底泥排水量反映不同秸秆对底泥排水效果的影响，由图 3-35

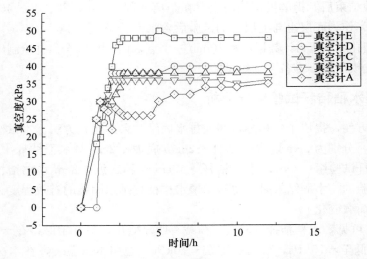

图 3-33 不同深度处真空度随时间的变化规律

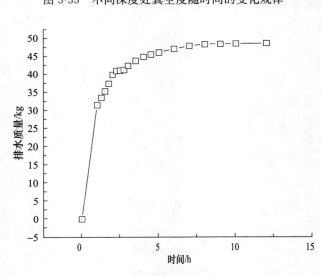

图 3-34 排水质量随时间变化的规律

计算斜率可知，水稻秸秆试验排水速率由试验初期的 0kg/h，在 0~1h 内迅速上升至最大值 31.4kg/h，后又在 12h 内逐渐稳定降低到最终的 0.08kg/h，本组试验排水速率在试验 0~1h 内快速上升，在 1~12h 内快速下降后保持稳定。

（5）底泥含水率变化。

由试验前后试样测得含水率可知，见表 3-4，试验初期平均含水率为 73.4%，经过 12h 试验后，水稻秸秆试验距底部 0cm 深底泥含水率下降到 25%，距底部 10cm 深底泥含水率下降到 29.5%，距底部 20cm 深底泥含水率下降到 31.5%，距底部 30cm 深底泥含水率下降到 34.2%，距底部 40cm 深底泥含水率下降到 39.8%，如图 3-36、图 3-37 所示。土的含水率变化约为 33.6%~48.4%，变化明显。

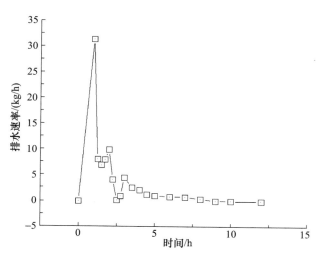

图 3-35 排水速率随时间变化的规律

表 3-4 底泥含水率试验前后变化

试验前土样含水率	试验后含水率		
	深度	含水率	含水率变化
73.4%	距底部 0cm	25%	48.4%
	距底部 10cm	29.5%	43.9%
	距底部 20cm	31.5%	41.9%
	距底部 30cm	34.2%	39.2%
	距底部 40cm	39.8%	33.6%

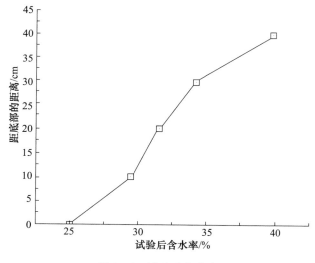

图 3-36 试验后含水率

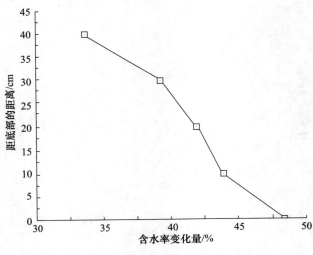

图 3-37 含水率变化量

（6）排水率的变化。

试验后的平均含水率为 32%，试验前的含水率为 73.4%，则排水率为 56.4%。

（7）底泥平均沉降量的变化。

为了研究平均底泥沉降量的变化，现以模型中心处的沉降作为平均沉降进行记录，由图 3-38 可知，试验平均沉降量在 0～12h 内变化非常明显，在 5h 时底泥沉降量达到 7cm，在接下来的时间逐渐增加并稳定在 11.1cm。

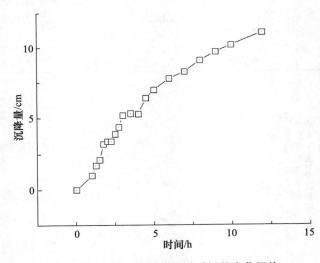

图 3-38 底泥平均沉降量随时间的变化规律

（8）试验上层清液变化现象。

由于在真空负压的作用下，试验装置中发生了液体上涌的现象，为了记录上层清液的变化曲线，记录模型中心处的上层清液厚度为反映抽水的效率进行反馈。实时数据如图 3-39 所示，在 0～3h 内上层清液厚度逐渐上升并稳定在 1.3cm 左右，在 3～12h 内上层清液厚度逐渐下降至 0.1cm。

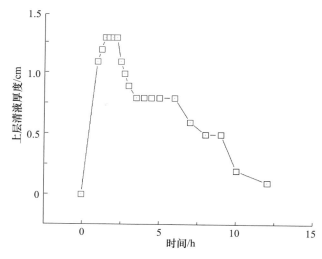

图 3-39　上层清液厚度随时间的变化规律曲线

（9）不同深度孔隙水压力变化。

为了实时观察并分析底泥内部不同深度处的水压力变化值，记录不同深度处的孔隙水压力值。因为真空负压的原因，孔隙水压力为拉力，所以为负值。由图 3-40 可知，模型底泥孔隙水压力变化趋势为逐渐变大，不同深度处孔隙水压力变化为由下到上逐渐变大。

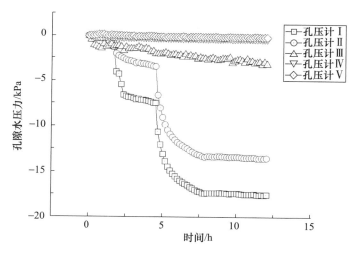

图 3-40　不同深度处的孔隙水压力随时间变化的规律

（10）粒径分析。

从图 3-41 中可以看出，底泥颗粒粒径主要分布在 $1 \sim 100 \mu m$ 范围内，在真空荷载作用下，底泥颗粒粒径逐渐变小。由试验前 $10 \sim 100 \mu m$ 逐渐降低，其中 $10 \mu m$ 级的粒径占比最大，为 3% 左右。得到结论：随着时间的变化，底泥的颗粒粒径得到了很大程度的降低。

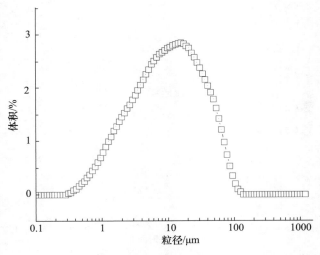

图 3-41　试验后底泥颗粒粒径分布

3.4.3　两层水稻秸秆河湖底泥固结试验过程

（1）搅拌均匀足够并且已经达到液限含水率的底泥试样，并测出其含水率。

（2）在模型底部平铺土工布，并用硅胶粘贴以确保密封性，在试验过程中不能让底泥渗入。

（3）粘贴排水板，为了使排水板不被底泥堵塞，需要将排水板一侧与土工布粘贴，另一侧用胶带密封。共设置六道排水板，其中三道排水板设置在第二层，另三道设置在第三层，如图 3-42 所示。

（4）粘贴孔隙水压计、真空计。在距离底部 1、12、22、32、43cm 处划线并设置孔隙水压计以及真空计。

（5）为了保证秸秆的压实性，先横铺 1cm 水稻秸秆，再竖铺 1cm 水稻秸秆，并使真空计与孔压计设置在秸秆层中间，如图 3-43 所示。

图 3-42　排水板放置完毕　　　　　图 3-43　底层秸秆铺设完毕

（6）开始填入达到液限含水率的底泥 40cm。

（7）为了保证秸秆的压实性，继续横铺 1cm 水稻秸秆，再设置第三层排水板并使真空计与孔压计设置在秸秆层中间，再竖铺 1cm 水稻秸秆，如图 3-44 所示。

图 3-44　已铺好顶层秸秆

（8）密封土工膜，连接试验仪器，关闭模型箱排水阀门，打开气水分离器吸气阀门以及真空泵，直至真空荷载达到 85kPa。

（9）打开模型箱排水阀门，开始数据采集，本次试验采集 12h，采集的量分别有真空度、孔隙水压力、排水量、沉降量、上层清液厚度。

（10）试验结束后，拆解模型箱内土，在距离底部 0、10、20、30、40cm 处分别取土样测其含水率作为底层土与上层土的试验后含水率。

（11）处理孔隙水压力计数据，每 10min 一个点，12h 共 72 个点并绘制出其点线图。

（12）冲洗模型箱，准备下一组试验。

3.4.4　两层水稻秸秆试验结果分析

为了比较本试验两组方案的排水固结效果，现进行 2cm 厚水稻秸秆＋40cm 河湖底泥＋2cm 厚水稻秸秆试验。

（1）真空荷载变化。

由图 3-45 可见，水稻秸秆试验真空荷载有明显变化，最开始保持在－85kPa，随时间的变化而降低至－80kPa，最后稳定在－70kPa。说明本试验装置在本次试验 12h 内气密性良好、试验数据精准，可以作为其他试验的对比。

（2）装置内试样在 12h 中各个深度的真空度变化。

如图 3-46 所示，在不同深度真空压力有明显变化，均为逐渐上升，从下至上真空度逐渐提高，最大可达到 55kPa 左右，最低可达到 20kPa 左右。不难发现三层秸秆的真空度在 2h 内发生明显上升并由下而上逐渐升高，两层底泥真空度略大于相邻两秸秆层真空度，由下而上逐渐变大。

（3）排水质量变化。

如图 3-47 所示，底泥在 12h 内排水的质量变化为：在 0～2h 内有高明显变化，在

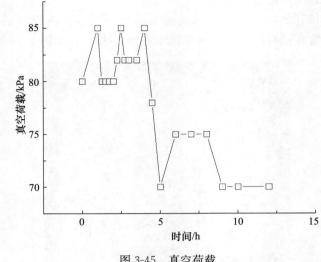

图 3-45   真空荷载

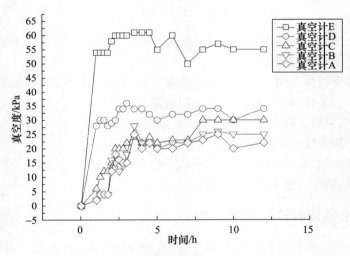

图 3-46   不同深度处真空度随时间的变化规律

2~5h 排水质量达到 59kg 时排水质量缓慢增长，在 5~12h 内排水质量变化逐渐减弱并在第 12h 稳定在 60.95kg。

（4）底泥排水速率变化。

提出底泥排水速率来替代底泥排水量反映不同秸秆对底泥排水效果的影响，由图 3-48 计算斜率可知，水稻秸秆试验排水速率由试验初期的 0kg/h，在 0~1h 内迅速上升至最大值 38.5kg/h，后又在 12h 内逐渐稳定降低到最终的 0kg/h，本组试验排水速率在试验 0~1h 内快速上升，在 1~12h 内快速下降后保持稳定。

（5）底泥含水率变化。

由试验前后试样测得含水率可知，见表 3-5，试验初期平均含水率为 77.7%，经过 12h 试验后，水稻秸秆试验距底部 0cm 深底泥含水率下降到 28.6%，距底部 10cm 深底泥含水率下降到 32.5%，距底部 20cm 深底泥含水率下降到 35.7%，距底部 30cm 深底

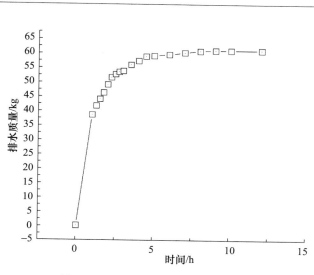

图 3-47　排水质量随时间变化的规律

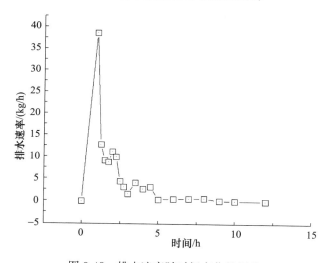

图 3-48　排水速率随时间变化的规律

表 3-5　底泥含水率试验前后变化

试验前土样含水率	试验后含水率		
	深度	含水率	含水率变化
77.7%	距底部 0cm	28.6%	49.1%
	距底部 10cm	32.6%	45.1%
	距底部 20cm	35.7%	42%
	距底部 30cm	39.2%	38.5%
	距底部 40cm	48.8%	28.9%

泥含水率下降到 39.2%，距底部 40cm 深底泥含水率下降到 48.8%，试验后含水率如图 3-49 所示，含水率变化如图 3-50 所示。土的含水率变化约为 28.9%～49.1%，变化明显。

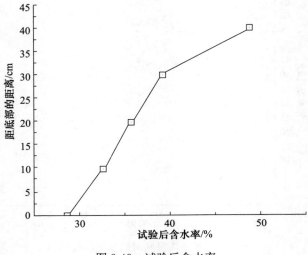

图 3-49　试验后含水率

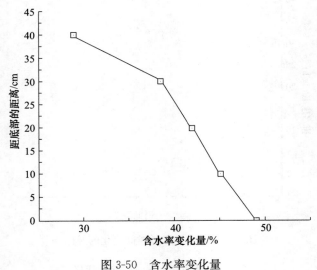

图 3-50　含水率变化量

（6）排水率的变化。

试验后平均含水率为 36.98％，试验前的含水率为 77.7％，则排水率为 52.4％。

（7）底泥平均沉降量的变化。

为了研究平均底泥沉降量的变化，现以模型中心处的沉降作为平均沉降进行记录，由图 3-51 可知，试验平均沉降量在 0～12h 内变化非常明显，在接下来的时间逐渐增加并稳定在 11.1cm。

（8）试验上层清液变化现象。

由于在真空负压的作用下，试验装置中发生了液体上涌的现象，为了记录上层清液的变化曲线，记录模型中心处的上层清液厚度为反映抽水的效率进行反馈。实时数据如图 3-52 所示，在 0～3h 内上层清液厚度逐渐上升并稳定在 1.5cm 左右，在 3～12h 内上层清液厚度逐渐下降至 0cm。

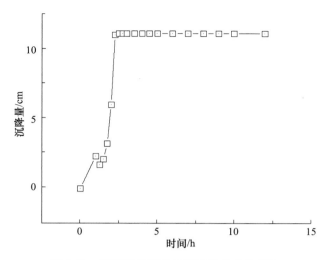

图 3-51　底泥平均沉降量随时间的变化规律

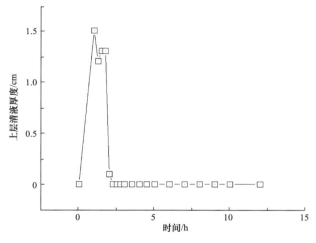

图 3-52　上层清液厚度随时间的变化规律曲线

（9）不同深度孔隙水压力变化。

为了实时观察并分析底泥内部不同深度处的水压力变化值，记录不同深度处的孔隙水压力值。因为真空负压的原因，孔隙水压力为拉力，所以为负值。由图 3-53 可知，模型底泥孔隙水压力变化趋势为逐渐变大，不同深度处孔隙水压力变化为由下到上逐渐变大。

（10）粒径分析。

从图 3-54 中可以看出，底泥颗粒粒径主要分布在 $0.4 \sim 100 \mu\mathrm{m}$ 范围内，在真空荷载作用下，底泥颗粒粒径逐渐变小。由试验前 $10 \sim 100 \mu\mathrm{m}$ 逐渐降低，其中 $10 \mu\mathrm{m}$ 级的粒径占比最大，为 3% 左右。得到结论：随着时间的变化，底泥的颗粒粒径得到了很大程度的降低。

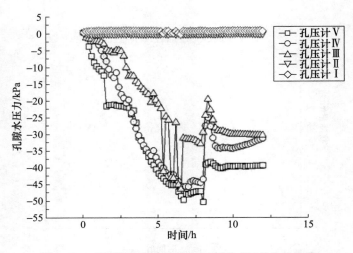

图 3-53 不同深度处的孔隙水压力随时间变化的规律

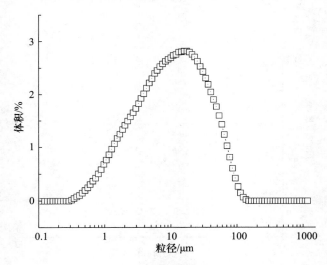

图 3-54 试验后底泥颗粒粒径分布

3.4.5 一层水稻秸秆河湖底泥固结试验过程

（1）搅拌均匀足够并且已经达到液限含水率的底泥试样，并测出其含水率。

（2）在模型底部平铺土工布，并用硅胶粘贴以确保密封性，在试验过程中不能让底泥渗入。

（3）粘贴排水板，为了使排水板不被底泥堵塞，需要将排水板一侧与土工布粘贴，另一侧用胶带密封。共设置六道排水板，其中三道排水板设置在第二层，另三道设置在第三层。

（4）粘贴孔隙水压计、真空计。在距离底部 1、12、22、32、43cm 处划线并设置孔隙水压计以及真空计。

（5）为了保证秸秆的压实性，先横铺 1cm 水稻秸秆，再竖铺 1cm 水稻秸秆，并使真空计与孔压计设置在秸秆层中间，如图 3-55 所示。

图 3-55　底层秸秆铺设完毕

（6）开始填入达到液限含水率的底泥 40cm。

（7）密封土工膜，连接试验仪器，关闭模型箱排水阀门，打开气水分离器吸气阀门以及真空泵，直至真空荷载达到 85kPa。

（8）打开模型箱排水阀门，开始数据采集，本次试验采集 12h，采集的量分别有真空度、孔隙水压力、排水量、沉降量、上层清液厚度。

（9）试验结束后，拆解模型箱内土，在距离底部 0、10、20、30、40cm 处分别取土样测其含水率作为底层土与上层土的试验后含水率。

（10）处理孔隙水压力计数据，每 10min 一个点，12h 共 72 个点并绘制出其点线图。

（11）冲洗模型箱，准备下一组试验。

3.4.6　一层水稻秸秆试验结果分析

为了比较本试验两组方案的排水固结效果，现进行 2cm 厚水稻秸秆＋40cm 河湖底泥试验。

（1）真空荷载变化。

由图 3-56 可见，水稻秸秆试验真空荷载有明显变化，最开始保持在－85kPa，随时间的变化而降低至－80kPa，最后稳定在－82kPa。说明本试验装置在本次试验 12h 内气密性良好、试验数据精准，可以作为其他试验的对比。

（2）排水质量变化。

如图 3-57 所示，底泥在 12h 内排水的质量变化为：在 0～2h 内有明显变化，在 2～5h 排水质量达到 29.6kg 时排水质量缓慢增长，在 5～12h 内排水质量变化逐渐减弱并在第 12 小时稳定在 39.75kg。

（3）底泥排水速率变化。

提出底泥排水速率来替代底泥排水量反映不同秸秆对底泥排水效果的影响，由图 3-58 计算斜率可知，水稻秸秆试验排水速率由试验初期的 0kg/h，在 0～1h 内迅速上升至最大值 38.5kg/h，后又在 12h 内逐渐稳定降低到最终的 0kg/h，本组试验排水速率在试验 0～1h 内快速上升，在 1～12h 内快速下降后保持稳定。

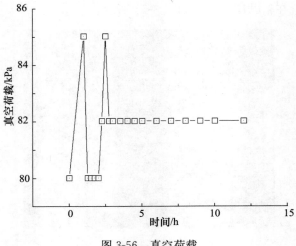

图 3-56　真空荷载

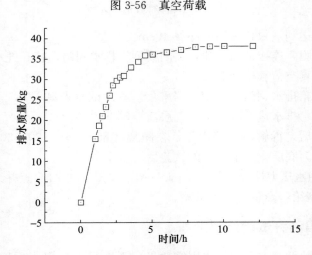

图 3-57　排水质量随时间变化的规律

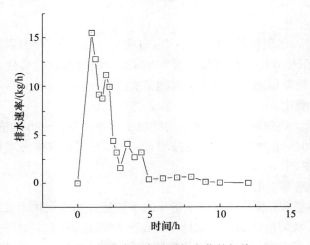

图 3-58　排水速率随时间变化的规律

（4）底泥含水率变化。

由试验前后试样测得含水率可知，见表 3-6，试验初期平均含水率为 74.7%，经过 12h 试验后，水稻秸秆试验距底部 0cm 深底泥含水率下降到 28.32%，距底部 10cm 深底泥含水率下降到 33.96%，距底部 20cm 深底泥含水率下降到 35.29%，距底部 30cm 深底泥含水率下降到 42.8%，距底部 40cm 深底泥含水率下降到 50.3%，试验后含水率如图 3-59 所示，含水率变化如图 3-60 所示。土的含水率变化约为 24.4%～46.38%，变化明显。

表 3-6 底泥含水率试验前后变化

试验前土样含水率	试验后含水率		
	深度	含水率	含水率变化
74.7%	距底部 0cm	28.32%	46.38%
	距底部 10cm	33.96%	40.74%
	距底部 20cm	35.29%	39.41%
	距底部 30cm	42.8%	31.9%
	距底部 40cm	50.3%	24.4%

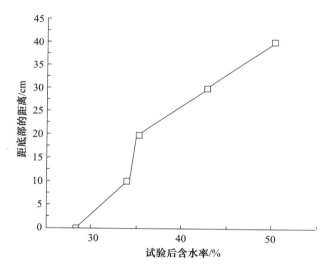

图 3-59 试验后含水率

（5）排水率的变化。

试验后平均含水率为 38.13%，试验前的含水率为 74.7%，则排水率为 49%。

（6）底泥平均沉降量的变化。

为了研究平均底泥沉降量的变化，现以模型中心处的沉降作为平均沉降进行记录，由图 3-61 可知，试验平均沉降量在 0～12h 内变化非常明显，在接下来的时间逐渐增加并稳定在 11cm。

（7）试验上层清液变化现象。

由于在真空负压的作用下，试验装置中发生了液体上涌的现象，为了记录上层清液的变化曲线，记录模型中心处的上层清液厚度为反映抽水的效率进行反馈。实时数据如

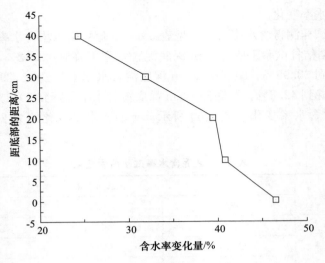

图 3-60　含水率变化量

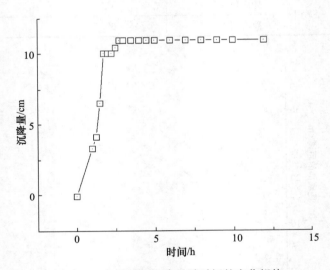

图 3-61　底泥平均沉降量随时间的变化规律

图 3-62 所示，在 0～3h 内上层清液厚度逐渐上升并稳定在 5cm 左右，在 3～12h 内上层清液厚度逐渐下降至 0cm。

（8）不同深度孔隙水压力变化。

为了实时观察并分析底泥内部不同深度处的水压力变化值，记录不同深度处的孔隙水压力值。因为真空负压的原因，孔隙水压力为拉力，所以为负值。由图 3-63 可知，模型底泥孔隙水压力变化趋势为逐渐变大，不同深度处孔隙水压力变化为由下到上逐渐变大。

（9）粒径分析。

从图 3-64 中可以看出，底泥颗粒粒径主要分布在 0.3～100μm 范围内，在真空荷载作用下，底泥颗粒粒径逐渐变小。由试验前 10～100μm 逐渐降低，其中 10μm 级的粒径占比最大，为 3.6% 左右。得到结论：随着时间的变化，底泥的颗粒粒径得到了很大程度的降低。

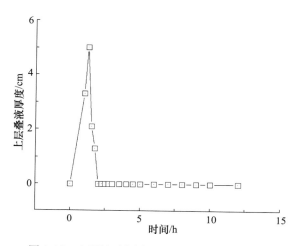

图 3-62　上层清液厚度随时间的变化规律曲线

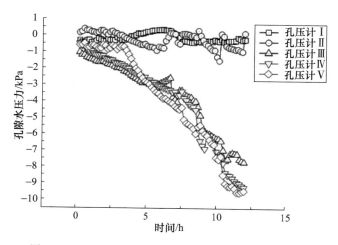

图 3-63　不同深度处的孔隙水压力随时间变化的规律

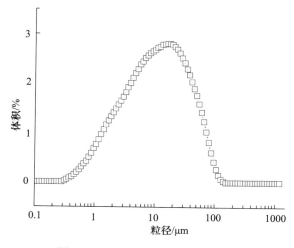

图 3-64　试验后底泥颗粒粒径分布

3.4.7 小结

根据以上试验现象分析发现，三层水稻秸秆试验真空荷载稳定在最大值附近，说明装置的气密性良好，不同深度处的真空度有明显变化，并且增加并稳定在 40~50kPa 之间，说明水稻秸秆试验的排水效率很好。试验后的排水质量为 48.34kg。排水的速率有明显的变化且最大时为 31.4kg/h。试验初期平均含水率为 77.1%，经过 12h 试验后，水稻秸秆试验 40cm 深土含水率下降到 25%，30cm 深土含水率下降到 29.5%，20cm 深土含水率下降到 31.5%，10cm 深土含水率下降到 34.2%，0cm 深土含水率下降到 39.8%。土的含水率变化约为 33.6%~48.4%，变化较为明显，排水率为 56.4%。上层清液的厚度随时间变化开始逐渐变大至 1.3cm，后又随时间逐渐降低至 0.1cm，平均沉降量随时间变化最终稳定在 11.1cm。不同深度孔隙水压力变化基本一致，随时间变化逐渐变大并且表现为拉力，并由下至上值域的绝对值越来越大，底泥颗粒粒径主要分布在 1~100μm 范围内，随着真空荷载作用时间延长，底泥颗粒粒径逐渐变小。两层水稻秸秆试验真空荷载稳定在最大值附近，说明装置的气密性良好，不同深度处的真空度有明显变化，并且增加并稳定在 40~50kPa 之间，说明水稻秸秆试验的排水效率很好。试验后的排水质量为 48.34kg。排水的速率有明显的变化且最大时为 31.4kg/h。试验初期平均含水率为 77.7%，经过 12h 试验后，水稻秸秆试验距底部 0cm 深底泥含水率下降到 28.6%，距底部 10cm 深底泥含水率下降到 32.5%，距底部 20cm 深底泥含水率下降到 35.7%，距底部 30cm 深底泥含水率下降到 39.2%，距底部 40cm 深底泥含水率下降到 48.8%。土的含水率变化约为 28.9%~49.1%，变化明显，排水率为 52.4%。上层清液的厚度随时间变化开始逐渐变大至 1.3cm，后又随时间逐渐降低至 0.1cm，平均沉降量随时间变化最终稳定在 11.1cm。不同深度孔隙水压力变化基本一致，随时间变化逐渐变大并且表现为拉力，并由下至上值域的绝对值越来越大。粒径分析过程中，试验后的土样粒径平均分布在 0.4~100μm 范围内，随着真空荷载作用时间延长，底泥颗粒粒径逐渐变小。一层水稻秸秆试验真空荷载稳定在最大值附近，说明装置的气密性良好，试验后的排水质量为 37.95kg。排水的速率有明显的变化且最大时为 15.5kg/h。试验初期平均含水率为 74.7%，经过 12h 试验后，水稻秸秆试验距底部 0cm 深底泥含水率下降到 28.32%，距底部 10cm 深底泥含水率下降到 33.96%，距底部 20cm 深底泥含水率下降到 35.29%，距底部 30cm 深底泥含水率下降到 42.8%，距底部 40cm 深底泥含水率下降到 50.3%。土的含水率变化约为 24.4%~46.38%，变化明显，排水率为 49%。上层清液的厚度随时间变化开始逐渐变大至 5cm，后又随时间逐渐降低至 0cm，平均沉降量随时间变化最终稳定在 11cm。不同深度孔隙水压力变化基本一致，随时间变化逐渐变大并且表现为拉力，并由下至上值域的绝对值越来越大。粒径分析过程中，试验后的土样粒径平均分布在 0.3~100μm 范围内，随着真空荷载作用时间延长，底泥颗粒粒径逐渐变小。

3.5 小麦秸秆河湖底泥排水固结试验研究

3.5.1 小麦秸秆河湖底泥固结试验过程

（1）搅拌均匀足够并且已经达到液限含水率的底泥试样，并测出其含水率。

（2）在模型底部平铺土工布，并用硅胶粘贴以确保密封性，在试验过程中不能让底泥渗入。

（3）粘贴排水板，为了使排水板不被底泥堵塞，需要将排水板一侧与土工布粘贴，另一侧用胶带密封。共设置六道排水板，其中三道排水板设置在第二层，另三道设置在第三层，如图 3-65 所示。

（4）粘贴孔隙水压计、真空计。在距离底部 1、12、23、34、45cm 处划线并设置孔隙水压计以及真空计。

（5）为了保证秸秆的压实性，先横铺 1cm 小麦秸秆，再竖铺 1cm 小麦秸秆，并使真空计与孔压计设置在秸秆层中间，如图 3-66 所示。

图 3-65　已铺好排水板　　　　　图 3-66　底层秸秆铺设完毕

（6）开始填入达到液限含水率的底泥 20cm。

（7）为了保证秸秆的压实性，继续横铺 1cm 小麦秸秆，再设置第二层排水板并使真空计与孔压计设置在秸秆层中间，再竖铺 1cm 小麦秸秆，如图 3-67 所示。

（8）继续填入达到液限含水率的底泥 20cm。

（9）为了保证秸秆的压实性，继续横铺 1cm 小麦秸秆，再设置第三层排水板并使真空计与孔压计设置在秸秆层中间，再竖铺 1cm 小麦秸秆，如图 3-68 所示。

图 3-67　第二层秸秆铺设完毕　　　　图 3-68　顶层秸秆铺设完毕

（10）密封土工膜，连接试验仪器，关闭模型箱排水阀门，打开气水分离器吸气阀门以及真空泵，直至真空荷载达到85kPa。

（11）打开模型箱排水阀门，开始数据采集，本次试验采集12h，采集的量分别有真空度、孔隙水压力、排水量、沉降量、上层清液厚度。

（12）试验结束后，拆解模型箱内土，在距离底部0、10、20、30、40cm处分别取土样测其含水率作为底层土与上层土的试验后含水率。

（13）处理孔隙水压力计数据，每10min一个点，12h共72个点并绘制出其点线图。

（14）冲洗模型箱，准备下一组试验。

3.5.2　小麦秸秆试验结果分析

本次试验结构采用2cm厚小麦秸秆＋20cm河湖底泥＋2cm小麦秸秆＋20cm河湖底泥＋2cm小麦秸秆，揭示了小麦秸秆固结排水的有效程度，研究了小麦秸秆排水体厚度为2cm时的排水效果。

（1）真空荷载变化。

由图3-69可见，小麦秸秆试验真空荷载有明显变化，最开始保持在－85kPa，随时间的变化而降低稳定至－80kPa，最后降低在－75kPa。说明本试验装置在本次试验12h内气密性良好、试验数据精准，可以作为其他试验的对比。

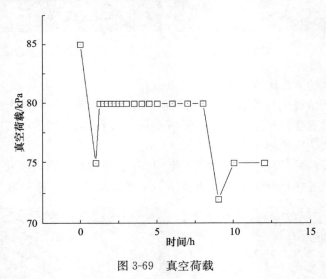

图3-69　真空荷载

（2）装置内试样在12h中各个深度的真空度变化。

如图3-70所示，在不同深度真空压力有明显变化，均为逐渐上升，从下至上真空度逐渐提高，最大可达到58kPa左右，最低可达到32kPa左右。不难发现三层秸秆的真空度在2h内发生明显上升并由下而上逐渐升高，两层底泥真空度略大于相邻两秸秆层真空度，由下而上逐渐变大。

（3）排水质量变化。

如图3-71所示，底泥在12h内排水的质量变化为：在0～5h内有明显变化，在5～12h排水质量达到60.7kg时排水质量缓慢增长，在12h内排水质量变化逐渐减弱并在

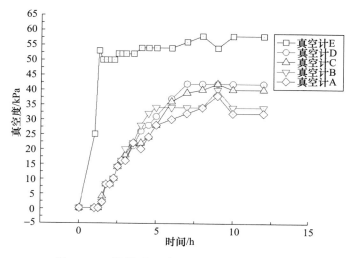

图 3-70　不同深度处真空度随时间的变化规律

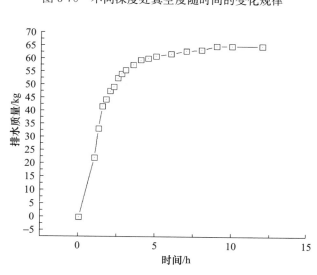

图 3-71　排水质量随时间变化的规律

第 12h 稳定在 64.65kg。

（4）底泥排水速率变化。

提出底泥排水速率来替代底泥排水量反映不同秸秆对底泥排水效果的影响，由图 3-72 计算斜率可知，小麦秸秆试验排水速率由试验初期的 0kg/h，在 0～1h 内迅速上升至最大值 44kg/h，后又在 12h 内逐渐稳定降低到最终的 0kg/h，本组试验排水速率在试验 0～1h 内快速上升，在 1～12h 内快速下降后保持稳定。

（5）底泥含水率变化。

由试验前后试样测得含水率可知，见表 3-7，试验初期平均含水率为 74.3％，经过 12h 试验后，小麦秸秆试验距底部 0cm 深底泥含水率下降到 25.46％，距底部 10cm 深底泥含水率下降到 30.13％，距底部 20cm 深底泥含水率下降到 30.25％，距底部 30cm 深底泥含水率下降到 31.5％，距底部 40cm 深底泥含水率下降到 38.9％，试验后含水率

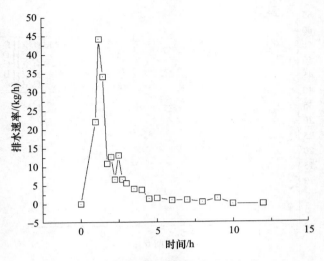

图 3-72 排水速率随时间变化的规律

表 3-7 底泥含水率试验前后变化

试验前土样含水率	试验后含水率		
	深度	含水率	含水率变化
74.3%	距底部 0cm	25.46%	48.84%
	距底部 10cm	30.13%	44.17%
	距底部 20cm	30.25%	44.05%
	距底部 30cm	31.5%	42.8%
	距底部 40cm	38.9%	35.4%

如图 3-73 所示，含水率变化量如图 3-74 所示。土的含水率变化约为 35.4%~48.84%，变化较为明显。

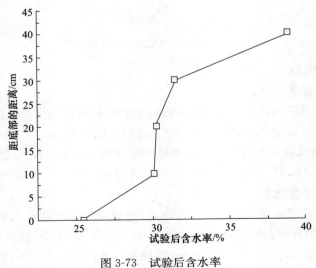

图 3-73 试验后含水率

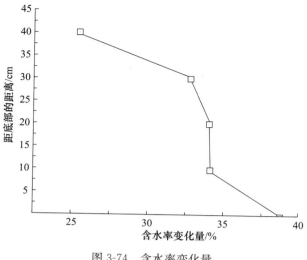

图 3-74　含水率变化量

（6）排水率的变化。

试验后的平均含水率为 31.25%，试验前的含水率为 74.3%，则排水率为 57.9%。

（7）底泥平均沉降量的变化。

为了研究平均底泥沉降量的变化，现以模型中心处的沉降作为平均沉降进行记录，由图 3-75 可知，试验平均沉降量在 0～12h 内变化非常明显，在 5h 时底泥沉降量达到 8.9cm，在接下来的时间逐渐增加并稳定在 16.4cm。

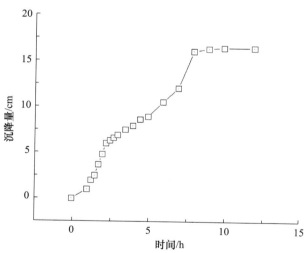

图 3-75　底泥平均沉降量随时间的变化规律

（8）试验上层清液变化现象。

由于在真空负压的作用下，试验装置中发生了液体上涌的现象，为了记录上层清液的变化曲线，记录模型中心处的上层清液厚度为反映抽水的效率进行反馈。实时数据如图 3-76 所示，在 0～3h 内上层清液厚度逐渐上升并稳定在 1.7cm 左右，在 3～12h 内上层清液厚度逐渐下降至 0cm。

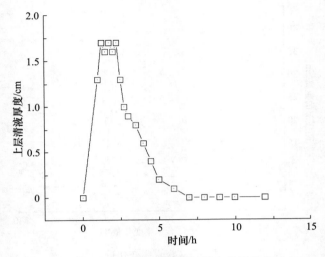

图 3-76　上层清液厚度随时间的变化规律曲线

（9）不同深度孔隙水压力变化。

为了实时观察并分析底泥内部不同深度处的水压力变化值，记录不同深度处的孔隙水压力值。因为真空负压的原因，孔隙水压力为拉力，所以为负值。由图 3-77 可知，模型底泥孔隙水压力变化趋势为逐渐变大，不同深度处孔隙水压力变化为由下到上逐渐变大。

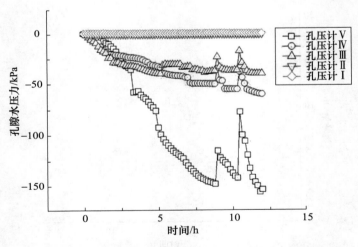

图 3-77　不同深度处的孔隙水压力随时间变化的规律

（10）粒径分析。

从图 3-78 中可以看出，底泥颗粒粒径主要分布在 $0.3 \sim 105 \mu m$ 范围内，在真空荷载作用下，底泥颗粒粒径逐渐变小。由试验前 $10 \sim 100 \mu m$ 逐渐降低，其中 $10 \mu m$ 级的粒径占比最大，为 2.9% 左右。得到结论：随着时间的变化，底泥的颗粒粒径得到了很大程度的降低。

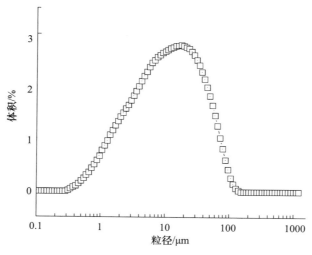

图 3-78　试验后底泥颗粒粒径分布

3.5.3　小结

根据以上试验现象分析发现，小麦秸秆试验真空荷载稳定在最大值附近，说明装置的气密性良好，不同深度处的真空度有明显变化，并且增加并稳定在 30～50kPa 之间，说明小麦秸秆试验的排水效率很好。试验后的排水质量为 64.65kg。排水的速率有明显的变化且最大时为 44kg/h。试验初期平均含水率为 74.3%，经过 12h 试验后，小麦秸秆试验距底部 0cm 深底泥含水率下降到 25.46%，距底部 10cm 深底泥含水率下降到 30.13%，距底部 20cm 深底泥含水率下降到 30.25%，距底部 30cm 深底泥含水率下降到 31.5%，距底部 40cm 深底泥含水率下降到 38.9%。土的含水率变化约为 35.4%～48.84%，排水率为 57.9%。变化较为明显，底泥平均沉降量随时间的变化稳定在 16.4cm，上层清液的厚度随时间变化开始逐渐变大至 1.7cm，后又随时间逐渐降低至 0cm。不同深度孔隙水压力变化基本一致，随时间变化逐渐变大并且表现为拉力，并由下至上值域的绝对值越来越大。通过粒径分析发现试验后的底泥粒径平均分布在 0.3～105μm 范围内，随着真空荷载作用时间延长，底泥颗粒粒径逐渐变小。

3.6　油菜秸秆河湖底泥排水固结试验研究

3.6.1　油菜秸秆河湖底泥固结试验过程

（1）搅拌均匀足够并且已经达到液限含水率的底泥试样，并测出其含水率。

（2）在模型底部平铺土工布，并用硅胶粘贴以确保密封性，在试验过程中不能让底泥渗入。

（3）粘贴排水板，为了使排水板不被底泥堵塞，需要将排水板一侧与土工布粘贴，另一侧用胶带密封。共设置六道排水板，其中三道排水板设置在第二层，另三道设置在第三层，如图 3-79 所示。

（4）粘贴孔隙水压计、真空计。在距离底部 1、12、23、34、45cm 处划线并设置孔隙水压计以及真空计。

（5）为了保证秸秆的压实性，先横铺 1cm 油菜秸秆，再竖铺 1cm 油菜秸秆，并使真空计与孔压计设置在秸秆层中间，如图 3-80 所示。

图 3-79　排水板设置完毕　　　　　　　图 3-80　底层秸秆放置完毕

（6）开始填入达到液限含水率的底泥 20cm。

（7）为了保证秸秆的压实性，继续横铺 1cm 油菜秸秆，再设置第二层排水板并使真空计与孔压计设置在秸秆层中间，再竖铺 1cm 油菜秸秆。

（8）继续填入达到液限含水率的底泥 20cm。

（9）为了保证秸秆的压实性，继续横铺 1cm 油菜秸秆，再设置第三层排水板并使真空计与孔压计设置在秸秆层中间，再竖铺 1cm 油菜秸秆，如图 3-81 所示。

图 3-81　顶层秸秆铺设 1cm

（10）密封土工膜，连接试验仪器，关闭模型箱排水阀门，打开气水分离器吸气阀门以及真空泵，直至真空荷载达到 85kPa。

（11）打开模型箱排水阀门，开始数据采集，本次试验采集 12h，采集的量分别有真空度、孔隙水压力、排水量、沉降量、上层清液厚度。

（12）试验结束后，拆解模型箱内土，在距离底部 0、10、20、30、40cm 处分别取土样测其含水率作为底层土与上层土的试验后含水率。

（13）处理孔隙水压力计数据，每 10min 一个点，12h 共 72 个点并绘制出其点线图。

（14）冲洗模型箱。

（15）将每一组的试验前后土样与试验后的土工布进行扫描电镜分析，并将试验前后的土样进行粒度分析。

3.6.2　油菜秸秆试验结果分析

为了分析方便，提出了一种分析底泥排水效果的比较方法，揭示了秸秆排水的有效程度，研究了油菜秸秆排水体厚度为 2cm 时的排水效果。

（1）真空荷载变化。

由图 3-82 可见，油菜秸秆试验真空荷载有明显变化，最开始保持在 -85kPa，随时间的变化而降低稳定至 -70kPa，最后降低在 -55kPa。说明本试验装置在本次试验 12h 内气密性良好、试验数据精准，可以作为其他试验的对比。

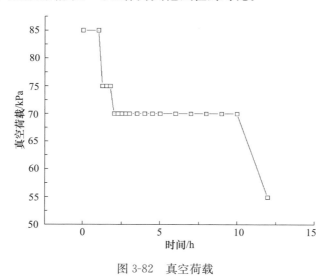

图 3-82　真空荷载

（2）装置内试样在 12h 中各个深度的真空度变化。

如图 3-83 所示，在不同深度真空压力有明显变化，均为逐渐上升，从下至上真空度逐渐提高，最大可达到 46kPa 左右，最低可达到 26kPa 左右。不难发现三层秸秆的真空度在 2h 内发生明显上升并由下而上逐渐升高，两层底泥真空度略大于相邻两秸秆层真空度，由下而上逐渐变大。

（3）排水质量变化。

如图 3-84 所示，底泥在 12h 内排水的质量变化为：在 0～5h 内有高明显变化，在 5～12h 排水质量达到 38.5kg 时排水质量缓慢增长，在 12h 内排水质量变化逐渐减弱并在第 12h 稳定在 80.8kg。

（4）底泥排水速率变化。

提出底泥排水速率来替代底泥排水量反映不同秸秆对底泥排水效果的影响，由图 3-85

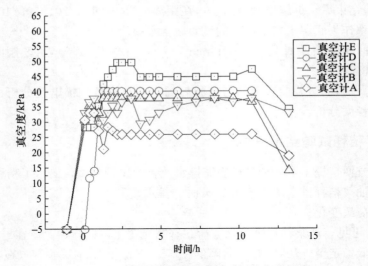

图 3-83　不同深度处真空度随时间的变化规律

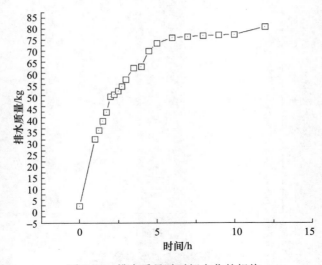

图 3-84　排水质量随时间变化的规律

计算斜率可知，油菜秸秆试验排水速率由试验初期的 0kg/h，在 0～1h 内迅速上升至最大值 30.4kg/h，后又在 12h 内逐渐稳定降低到最终的 0.02kg/h，本组试验排水速率在试验 0～1h 内快速上升，在 1～12h 内快速下降后保持稳定。

（5）底泥含水率变化。

由试验前后试样测得含水率可知，见表 3-8，试验初期平均含水率为 80.2％，经过 12h 试验后，油菜秸秆试验距底部 0cm 深底泥含水率下降到 29.8％，距底部 10cm 深底泥含水率下降到 35.2％，距底部 20cm 深底泥含水率下降到 38.9％，距底部 30cm 深底泥含水率下降到 43.9％，距底部 40cm 深底泥含水率下降到 50.8％，试验后含水率如图 3-86 所示，含水率变化量如图 3-87 所示。土的含水率变化约为 29.4％～50.4％，变化较为明显。

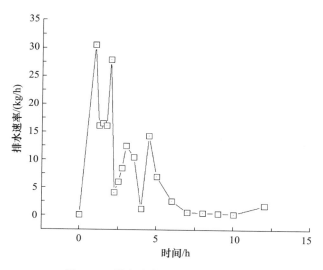

图 3-85　排水速率随时间变化的规律

表 3-8　底泥含水率试验前后变化

试验前土样含水率	试验后含水率		
	深度	含水率	含水率变化
80.2%	距底部 0cm	29.8%	50.4%
	距底部 10cm	35.2%	45%
	距底部 20cm	38.9%	41.3%
	距底部 30cm	43.9%	36.3%
	距底部 40cm	50.8%	29.4%

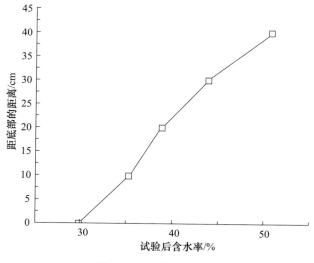

图 3-86　试验后含水率

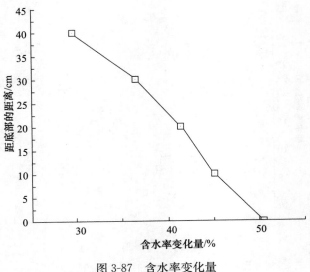

图 3-87　含水率变化量

（6）排水率的变化。

试验后的平均含水率为 39.72%，试验前的含水率为 80.2%，则排水率为 50.4%。

（7）底泥平均沉降量的变化。

为了研究平均底泥沉降量的变化，现以模型中心处的沉降作为平均沉降进行记录，由图 3-88 可知，试验平均沉降量在 0～12h 内变化非常明显，在 5h 时底泥沉降量达到 6.4cm，在接下来的时间逐渐增加并稳定在 11.6cm。

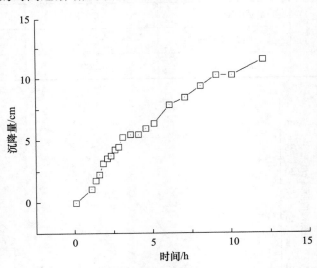

图 3-88　底泥平均沉降量随时间的变化规律

（8）试验上层清液变化现象。

由于在真空负压的作用下，试验装置中发生了液体上涌的现象，为了记录上层清液的变化曲线，记录模型中心处的上层清液厚度为反映抽水的效率进行反馈。实时数据如图 3-89 所示，在 0～3h 内上层清液厚度逐渐上升并稳定在 1.65cm 左右，在 3～12h 内上层清液厚度逐渐下降至 0.2cm。

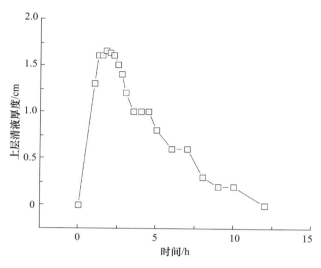

图 3-89　上层清液厚度随时间的变化规律曲线

（9）不同深度孔隙水压力变化。

为了实时观察并分析底泥内部不同深度处的水压力变化值，记录不同深度处的孔隙水压力值。因为真空负压的原因，孔隙水压力为拉力，所以为负值。由图 3-90 可知，模型底泥孔隙水压力变化趋势为逐渐变大，不同深度处孔隙水压力变化为由下到上逐渐变大。

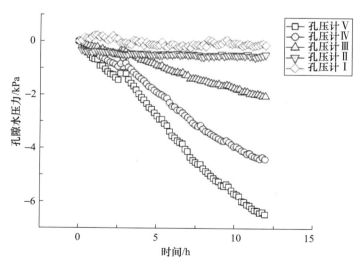

图 3-90　不同深度处的孔隙水压力随时间变化的规律

（10）粒径分析。

从图 3-91 中可以看出，底泥颗粒粒径主要分布在 0.3～105μm 范围内，在真空荷载作用下，底泥颗粒粒径逐渐变小。由试验前 10～100μm 逐渐降低，其中 11μm 级的粒径占比最大，为 2.83% 左右。得到结论：随着时间的变化，底泥的颗粒粒径得到了很大程度的降低。

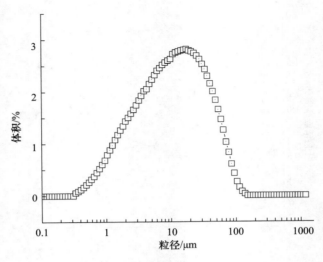

图 3-91　试验后底泥颗粒粒径分布

3.6.3　小结

　　根据以上试验现象分析发现，油菜秸秆试验真空荷载稳定在最大值附近，说明装置的气密性良好，不同深度处的真空度有明显变化，并且增加并稳定在 30～45kPa 之间，说明油菜秸秆试验的排水效率很好。试验后的排水质量为 80.8kg。排水的速率有明显的变化且最大时为 30.4kg/h。试验初期平均含水率为 80.2%，经过 12h 试验后，油菜秸秆试验距底部 0cm 深底泥含水率下降到 29.8%，距底部 10cm 深底泥含水率下降到 35.2%，距底部 20cm 深底泥含水率下降到 38.9%，距底部 30cm 深底泥含水率下降到 43.9%，距底部 40cm 深底泥含水率下降到 50.8%，土的排水率为 50.4%。土的含水率变化约为 29.4%～50.4%，变化较为明显。底泥的平均沉降量随着时间的变化最终稳定在 11.6cm，上层清液的厚度随时间变化开始逐渐变大至 1.65cm，后又随时间逐渐降低至 0.2cm。不同深度孔隙水压力变化基本一致，随时间变化逐渐变大并且表现为拉力，并由下至上值域的绝对值越来越大。底泥颗粒粒径主要分布在 10～110μm 范围内，随着真空荷载作用时间延长，底泥颗粒粒径逐渐变小。

3.7　不同种类秸秆底泥排水固结试验结果对比分析

　　本节为对比三层水稻、三层小麦和三层油菜三种农作物秸秆排水体对底泥真空排水效果的影响，在农作物秸秆厚度为 2cm 时比较底泥含水率、含水率变化量、粒径分布以及排水率。

3.7.1　试验结果对比分析

　　（1）试验后含水率。

　　本节对比三层秸秆试验，即方案四、方案五、方案六。由图 3-92 可得，试验后的底泥含水率从下至上逐渐变大。其中三层小麦、水稻秸秆试验各个深度处的底泥含水率变化明显，三层油菜秸秆试验各个深度处的底泥含水率变化比其他组试验要小。

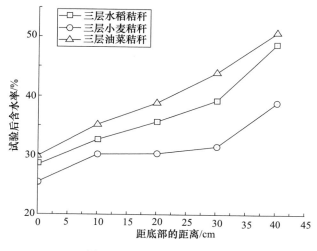

图 3-92　试验后底泥含水率

（2）含水率变化量。

本节对比三层秸秆试验，即方案四、方案五、方案六。由图 3-93 可得，试验后的底泥含水量变化量由下至上逐渐变小，其中小麦秸秆变化量最明显，其次为水稻秸秆，最差为油菜秸秆。

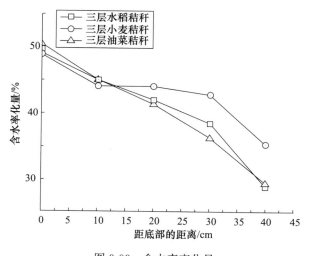

图 3-93　含水率变化量

（3）排水率。

由图 3-94 可知，三层小麦秸秆的排水率大于三层水稻秸秆排水率大于三层油菜秸秆排水率，排水率最高为 57.9%。

（4）粒径分析。

由图 3-95 可知，各组试验的粒径分布大多在 0.3～100μm，在真空荷载作用下，

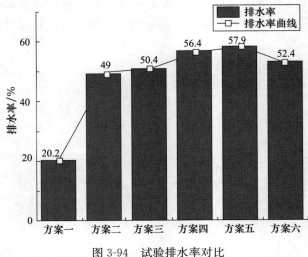

图 3-94　试验排水率对比

底泥颗粒粒径逐渐变小。由试验前 $10\sim100\mu m$ 逐渐降低，其中 $10\mu m$ 级的粒径占比最大，为 3% 左右。得到结论：随着时间的变化，底泥的颗粒粒径得到了很大程度的降低。

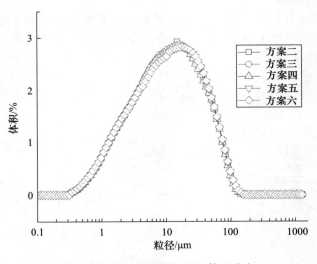

图 3-95　各组试验后粒径的体积分布

3.7.2　统计分析

主成分分析包括数据采集、数据标准化、因子分析、计算权重、计算总分五个步骤。

（1）数据统计采集。

共有五组试验，分别选取每组试验后的距底部 0cm 深处含水率变化、距底部 10cm 深处含水率变化、距底部 20cm 深处含水率变化、距底部 30cm 深处含水率变化、距底部 40cm 深处含水率变化、排水率六个自变量，见表 3-9。

表 3-9 数据统计

试验方案	方案一	方案二	方案三	方案四	方案五	方案六
A：距底部 0cm 深处含水率变化/%	21.1	48.36	49.1	48.4	48.84	50.4
B：距底部 10cm 深处含水率变化/%	21.1	40.74	45.1	43.9	44.17	45
C：距底部 20cm 深处含水率变化/%	15.6	39.41	42	41.9	44.05	41.3
D：距底部 30cm 深处含水率变化/%	10.1	31.9	38.5	39.2	42.8	36.3
E：距底部 40cm 深处含水率变化/%	10.1	24.4	28.9	33.6	35.4	29.4
F：排水率/%	20.2	49	50.4	56.4	57.9	52.4

（2）数据标准化处理。

经过最大方差法处理的标准化矩阵见表 3-10。

表 3-10 标准化数据统计

试验方案	方案一	方案二	方案三	方案四	方案五	方案六
A	0.89891	0.9852	0.85418	0.57272	0.44429	0.91224
B	0.89891	0.18585	0.34925	0	−0.18192	0.2913
C	−0.1456	0.04633	−0.04208	−0.25454	−0.19801	−0.13415
D	−1.19011	−0.74148	−0.4839	−0.59818	−0.36562	−0.70909
E	−1.19011	−1.52824	−1.69575	−1.3109	−1.35789	−1.5025
F	0.72799	1.05233	1.01829	1.59089	1.65915	1.14221

（3）因子分析。

对标准化后的数据进行因子分析，得到相关性矩阵、总方差解释、成分矩阵，见表 3-11～表 3-13。

表 3-11 量与量之间相关性矩阵

	A	B	C	D	E	F
A	1	0.999	0.992	0.975	0.95	0.98
B	0.999	1	0.993	0.978	0.949	0.98
C	0.992	0.993	1	0.995	0.977	0.995
D	0.975	0.978	0.995	1	0.988	0.996
E	0.95	0.949	0.977	0.988	1	0.993
F	0.98	0.98	0.995	0.996	0.993	1

表 3-12 标准化数据的总方差解释

成分	初始特征值			提取载荷平方和		
	总计	方差百分比/%	累积/%	总计	方差百分比/%	累积/%
1	5.913	98.551	98.551	5.913	98.551	98.551
2	0.079	1.31	99.861			
3	0.008	0.128	99.989			

成分	初始特征值			提取载荷平方和		
	总计	方差百分比/%	累积/%	总计	方差百分比/%	累积/%
4	0.001	0.011	100			
5	-7.05×10^{-17}	-1.17×10^{-15}	100			
6	-5.18×10^{-16}	-8.64×10^{-15}	100			

表 3-13　每个变量之间的成分以及成分矩阵

成分矩阵 a	成分
	1
C	0.999
F	0.998
D	0.996
B	0.99
A	0.99
E	0.983

（4）计算权重。

对因子分析的结果进行权重计算，结果见表 3-14～表 3-17。

表 3-14　每个变量的载荷数及特征根

试验方案		第一主成分
载荷数	A	0.99
	B	0.99
	C	0.999
	D	0.996
	E	0.983
	F	0.998
	主成分特征根	5.913

表 3-15　变量的线性组合中的系数

试验方案		第一主成分
线性组合中的系数	A	0.407
	B	0.407
	C	0.411
	D	0.409
	E	0.404
	F	0.410

表 3-16　综合得分模型中的系数

		主成分的方差	98.551
综合得分模型中的系数	A		0.407
	B		0.407
	C		0.411
	D		0.409
	E		0.404
	F		0.410

表 3-17　变量的权重

变量	综合得分模型中的指数	所占权重
A	0.407	0.166
B	0.407	0.166
C	0.411	0.168
D	0.409	0.167
E	0.404	0.165
F	0.410	0.168

（5）计算总分。

经赋值计算得到总分，见表 3-18 和图 3-96 所示。

表 3-18　最后得分

试验方案	方案一	方案二	方案三	方案四	方案五	方案六
A	21.1	48.36	49.1	48.4	48.84	50.4
B	21.1	40.74	45.1	43.9	44.17	45
C	15.6	39.41	42	41.9	44.05	41.3
D	10.1	31.9	38.5	39.2	42.8	36.3
E	10.1	24.4	28.9	33.6	35.4	29.4
F	20.2	49	50.4	56.4	57.9	52.4
得分	16.3	38.8	42.1	43.7	45.3	42.3

根据得分可知：无秸秆排水固结试验得分最低，为 16.3；最高为三层小麦秸秆试验，得分 45.3；其次为三层水稻秸秆试验，得分为 43.7；然后为三层油菜秸秆试验，得分为 42.3；然后为两层水稻秸秆试验，得分为 42.1。

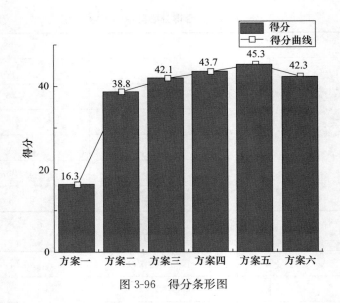

图 3-96　得分条形图

3.7.3　小结

（1）通过对比方案的得分可知，在三层不同种秸秆中，即方案四、方案五、方案六对比，可知方案五得分＞方案四得分＞方案六得分。三层小麦秸秆试验得分最高，效果为三层水稻秸秆试验的 1.04 倍。三层水稻秸秆试验效果为三层油菜秸秆试验的 1.03 倍。三层油菜秸秆试验排水固结效果为无秸秆排水试验的 2.6 倍。三层小麦秸秆试验排水固结效果为无秸秆排水试验的 2.78 倍。

（2）通过对比方案的得分可知，在同种秸秆不同层数的方案中，即方案一、方案二、方案三、方案四对比，可知方案四得分＞方案三＞方案二得分＞方案一得分。一层水稻秸秆排水固结效果为无秸秆排水固结效果的 2.38 倍，两层水稻秸秆排水固结效果为一层水稻秸秆排水固结效果的 1.08 倍，三层水稻秸秆排水固结效果为两层水稻秸秆排水固结效果的 1.04 倍。说明不同秸秆层数会影响河湖底泥排水固结的效果，三层水稻秸秆排水固结效果为无秸秆排水固结效果的 2.68 倍。

（3）分析三种三层不同秸秆试验可知，秸秆刚度与柔度会影响底泥的排水固结，小麦秸秆与水稻秸秆相比油菜秸秆柔度较高，会形成有效渗滤层，从而对底泥进行有效的排水固结。而小麦秸秆的刚度又比水稻秸秆小，所以小麦秸秆的排水固结性能更为优秀。

3.8　本章小结

本章首先介绍了河湖底泥特性和处理方法，以及河湖底泥真空负压排水固结的一些技术要求。其次进行了疏浚河湖底泥排水室内模型试验研究，介绍了河湖底泥真空负压快速脱水模型试验系统、研究方案、分析方法等。分别研究了无秸秆、水稻秸秆、小麦秸秆、油菜秸秆底部真空负压河湖底泥排水固结试验。结论如下：

（1）无秸秆底泥排水固结效果最差，随水平排水层增加，排水效果越来越好，三层"三明治"式底泥排水效果最好。

（2）"三明治"式小麦秸秆底泥真空度传递最快，油菜秸秆底泥真空度传递最慢，水稻秸秆底泥真空度传递居中，表明油菜秸秆渗滤层淤堵最严重。

（3）模型底部孔隙水压力绝对值大于模型中上部孔隙水压力绝对值，负孔隙水压力逐渐由模型底部向模型顶部传递。模型中下部同位置孔隙水压力值，小麦秸秆模型最大，油菜秸秆模型最小、水稻秸秆模型居中，反映了小麦秸秆底泥淤堵效应最低。

（4）试验后的底泥含水率从下至上含水率逐渐变大，"三明治"式底泥深部真空排水固结效果好于上部。试验后小麦秸秆底泥含水率最低、水稻秸秆次之、油菜秸秆底泥含水率最高，可见小麦秸秆底泥深部真空排水固结效果最好，其次为水稻秸秆，油菜秸秆效果最差。

第4章　底部真空负压污泥脱水技术

4.1　污泥现状及其相关研究

4.1.1　污泥现状

　　近年来，随着我国经济快速发展和城市化水平不断提高，可管理、可收集的生活污水的排放量也日益增多。污水收集处理要求在不断提高，不再像从前那样可以肆意排放；污水在处理过程中，会产生大量污泥，其体量约占污水处理体量的 0.3%～0.5%。据报道，截至 2016 年 9 月，全国共有污水处理厂 3976 座，污泥年产量超过 $3×10^7$ t，我国已然成为全球最大的污泥产出国；在 2019 年我国市政污泥的产量已经超过了 6000万 t（含水率以 80% 计），预计 2025 年我国市政污泥的年产量将达到 9000 万 t。大量污泥随机排放，不仅占用大量土地资源，而且还会造成环境污染，如图 4-1 所示。

图 4-1　污泥及排放池

　　市政污泥是生活污水在污水处理厂脱水减量后的产物，其颗粒细、土粒比重小、有机物含量高；由于人们生产生活的形形色色，导致污泥的成分复杂，其中包含重金属及其化合物、有毒物质以及各种微生物、细菌、病毒等。以上的种种原因导致污泥的含水率极高，可达到 98%，甚至更高。在不经处理时污泥的呈现胶体黏滞浆液，导致污泥脱水极其困难，因此污泥脱水过程也相对繁琐，图 4-2 为污水处理厂污泥处理基本流程。

4.1.2　污泥脱水性能

　　（1）污泥水分构成对污泥脱水性能的影响。

　　污泥结构复杂，多重组分交互，含水率极高。根据污泥中水分与污泥固体颗粒的相互作用可将污泥中的水分划分成自由水（free water）与束缚水两种类型。而束缚水按

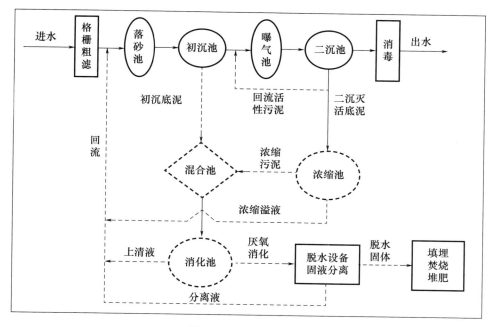

图 4-2 污泥处理流程

照污泥中水分结合方式的不同又细分为间隙水（interstitial water）、表面吸附水（surface water）和内部结合水（bond water），如图 4-3 所示。其中自由水占 $65\%\sim75\%$，不受固体颗粒约束，是污泥脱水的主要对象；间隙水占 $15\%\sim25\%$，通过毛细力存在于污泥絮体和有机物间隙中，需较高的机械作用力和能量去除；表面吸附水占 7% 左右，通过表面张力作用吸附在污泥颗粒表面，难去除，一般采用混凝的方法，通过胶体颗粒相互絮凝来脱除；内部结合水占 3% 左右，通过化学键包含在污泥微生物细胞体内，排除的关键在于微生物细胞破壁，即破坏细胞膜，使细胞液渗出，一般需要热处理或化学工艺等过程脱除。

污泥中不同类型水的比例直接影响污泥的脱水性能。因为自由水基本上不受污泥固体的影响，因此比其他三种结合水更容易去除；结合水的含量是影响污泥脱水的最重要因素之一。

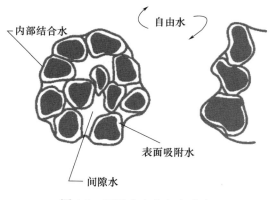

图 4-3 污泥中水分存在形式

（2）EPS 的组成对污泥脱水性能的影响。

污泥的脱水性除与以上水分存在的形式有关，还受污泥胞外聚合物（EPS）的影响。EPS 的质量占污泥总质量的 $60\% \sim 80\%$，EPS 的主要化学成分是蛋白质和多糖。EPS 还含有核酸、脂质、尿酸等成分。此外，EPS 既存在于细胞外，也存在于微生物聚集体内，与微生物细胞结构形成巨大的网状结构，其中含有大量的水分，对脱水性能影响很大。

根据 EPS 的空间分布特点和致密性，从外到内分为可溶型 EPS（S-EPS）、松散型 EPS（LB-EPS）和紧密型 EPS（TB-EPS）。EPS 的组成和组态差别很大，对污泥脱水性能的影响也不同，TB-EPS 与细胞壁结合后不易脱落，能够促使颗粒聚集，会降低污泥的脱水性能。LB-EPS 远离微生物细胞表面，流动性大，可以改变污泥絮凝体的密度和体积，影响污泥的电荷密度。当 LB-EPS 含量增加时，污泥胶体系统的负电荷增加，会阻碍污泥的絮凝沉降。LB-EPS 对污泥的絮凝脱水性能起着关键作用。S-EPS 位于污泥微生物细胞的最外层，流动性大，易流失，对污泥脱水性能和束缚水含量有非常重要的影响。污泥絮凝体的亲疏水表面电荷取决于 EPS 中多糖和蛋白质的比例，蛋白质是EPS 维持极高水量的主要物质，降低其蛋白质含量可提高污泥脱水能力。EPS 会产生一定的阻力，阻碍污泥颗粒的接触，使污泥在脱水过程中无法絮凝，从而大大降低固液分离能力和脱水效率。EPS 还会形成稳定的凝胶状物质，阻止流体从孔隙中渗出，降低污泥脱水效率。因此，较低的 EPS 含量也有利于污泥脱水。

由于污泥中 EPS 含量较大，欲提高污泥脱水效应，可以直接破坏 EPS 结构，或者通过降低 EPS 的亲水性或 EPS 与结合水之间的附着力，使结合水变为自由水。因此，需要通过采用物理、化学或生物调理的方法来改变 EPS 的结构，从而改善污泥的脱水性能。

4.1.3 污泥处置现状

污泥处置是指对处理后的污泥的消纳过程。目前污泥处理的方法主要有：卫生填埋、焚烧、土地利用等。

（1）卫生填埋的方法简单，比较容易实行，而且成本低，填埋所需要的污泥不需要进行高度的脱水处理；但是卫生填埋时，施工比较困难，并且容易造成填埋场地的失稳，最主要的是这种方法只是延缓污染，并没有消除根本的污染问题。

（2）焚烧是指先采用加热方法使污泥中水分蒸发成干化污泥，而后采用高温氧化燃烧使污泥无机化过程。此方法时效性高，可以在短时间处理大量污泥，但是焚烧的能耗过高，同时也会产生大量气体污染物，对环境有着危害作用。

（3）土地利用是指污泥经过厌氧消化和好氧堆肥处理，实现污泥的稳定化和无害化后，将污泥用于土壤改良、种植和制备肥料等，可以充分绿色利用污泥的有机物和氮磷钾等微元素；但是重金属会累积，若稳定化过程中，病原体和有毒物质处理不好非常容易造成二次污染。

4.1.4 污泥脱水研究现状

污泥脱水是污泥处理工艺流程中的一个最重要环节，流态的原生、浓缩或消化的污泥经过脱水化后，其体积可以进一步大大缩小，污泥的含固率会大大增加，这样的污泥方便运输和进一步的处理处置。根据国内外污泥脱水技术发展的状况，目前主要的污泥脱水方法可分为自然干化法、机械脱水法和电渗脱水法三种，下面详细介绍这三种方法。

（1）自然干化法。

自然干化法的主要构筑物是污泥干化场，它是用土堤或垒砌的砖墙围绕和分隔的场地，主要利用天然的条件进行污泥脱水以及污泥干化处理。有滤床的天然干化场是最常用的污泥干化场。一般天然土壤的透水性比较差，滤床的天然干化场选用几层级配不同的碎砾石或砂子代替作为铺垫来提高渗透性，并在底部设置排水管道来分流下渗的水分，污泥干化场是依靠下渗和蒸发来提高排放到干化场上的污泥含固率的，因此在污泥的干化过程中主要有两个阶段：自由水依靠重力下渗脱除阶段和泥饼的蒸发风干阶段，典型的人工滤层污泥干化场示意图如图 4-4 所示。自然干化法中污泥干化场是依靠天然条件进行污泥脱水和干化处理，因此脱水效果受当地降雨量、蒸发量、气温、湿度等自然条件的影响很大，再加上自然干化过程中容易产生污泥有机物腐烂，产生恶臭，对周围环境影响比较大，所以在干燥、少雨、沙质土壤以及人烟稀少地区一般采用得比较普遍。

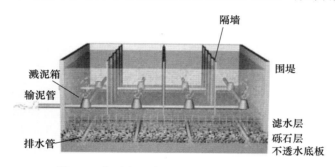

图 4-4 典型人工滤层污泥干化场剖面示意

（2）机械脱水法。

当前常用的污泥脱水机械主要分为两大类：一类是过滤式的脱水机械，另一类是能产生人工力场的脱水机械。过滤式的脱水机械工作原理是凭借存在于过滤介质两边的推动力，强制让水分穿过过滤介质，同时阻止污泥固体颗粒的通过，使得污泥固体颗粒被拦截在过滤介质上，从而达到污泥脱水的目的。存在于过滤介质两边的推动力主要是由于介质两边的压力差产生的，因压力差的类型不同过滤式脱水机械又可分为两种：正压过滤机械和负压过滤机械。正压过滤机械包括板框压滤机和带式压滤机，最常见的负压过滤机械是真空过滤机。离心脱水机是属于产生人工力场的脱水机械，它的工作原理是在产生的人工力场的作用下，依靠污泥中固体颗粒和水分的密度差，达到颗粒和水分的分离，下面分开介绍各类污泥脱水机械。

①带式压滤机：带式压滤机是将待脱水的污泥通过机器内的上下两条滤布之间，从一系列的呈 S 形排列的转轴中经过，借助滚压轴的压力和滤布本身的张力来挤压和剪切污泥，通过这种挤压力和剪切力来榨取污泥中的毛细水，从而获得具有较高含固率的泥饼，最终实现污泥的脱水。带式压滤机具有连续脱水和机械挤压的特点，其中带式压滤机最明显的优点有以下几点：机械制造相对容易、所需的附属机械设备较少、投资与能耗的费用相对于其他机械较低、具有简易的管理程序和良好的脱水能力。但是它的缺点也非常明显：脱水前污泥调理所用的聚合物价格较贵。具体工作示意如图 4-5 所示。

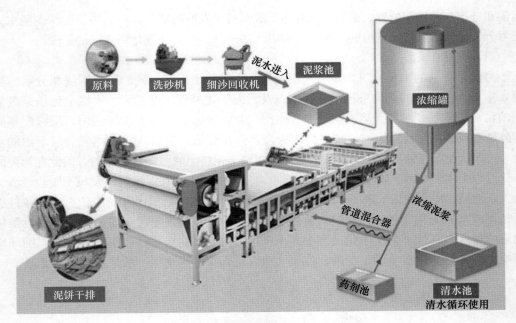

图 4-5　带式压滤机工作示意图

②板框压滤机：依靠压滤机的板框对污泥的挤压力，促使污泥中的水分穿过滤布和污泥颗粒分离，从而达到污泥固液分离的目的，其工作原理示意图如图 4-6 所示。板框压滤机具有间歇脱水和液压过滤的特点。使用板框压滤机的优点在于：首先所出的滤饼含固率高，这样的高含固率的固体回收率很高；其次进水污泥的调理所需药品消耗较少，并且出来的滤液很清澈。但是使用板框压滤机的缺点是操作不连续、有间歇，而且它的过滤能力较低，同时它需要的基建设备投资也较大。

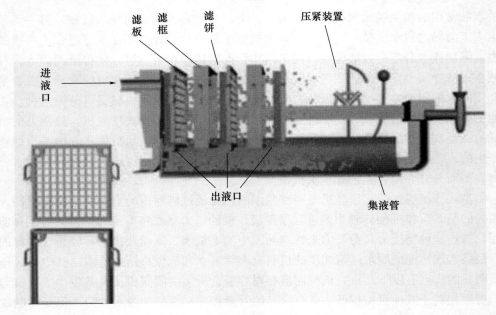

图 4-6　板框压滤机工作原理示意图

③离心脱水机是卧螺式离心机,如图 4-7 所示,它的主要组成部分有空心转轴螺旋输送器和转鼓,它的工作原理是将污泥通过空心转轴送入转筒内,然后依靠电动机的转动带动转鼓和螺旋输送器同向高速旋转,进而产生离心力,污泥在离心力的作用下被甩入转鼓内,较重的污泥颗粒沉积在转鼓壁上形成污泥固体层,由螺旋输送器输送至转鼓的锥形端,从锥形端口的各个出口排出;因为污泥中水分的密度小,因此受到的离心力也小,只在固体层内侧形成液环,内层液环则通过转鼓的另一个较大的端口的溢流口连续地排出转鼓,经排液口排出离心机外。离心机最显著的特点就是连续脱水和离心作用。

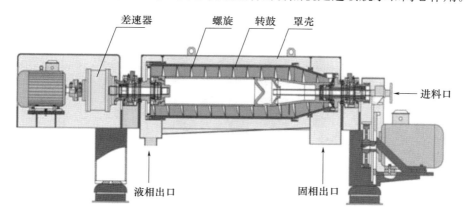

图 4-7　卧螺式离心脱水机工作原理示意图

④真空过滤机,它的工作原理是置污泥于多孔过滤介质上,在过滤介质的另一侧产生负压(40～80kPa)的真空环境,迫使污泥中的水分强行穿过滤布,仅留污泥的固体颗粒在滤布这侧形成滤饼,从而实现污泥固体颗粒与水分的分离。比较常用的真空过滤机是真空转鼓过滤脱水机;还有真空带式过滤机,如图 4-8 所示。真空过滤机因操作很复杂,而且能耗高,除了需要形成持续的真空负压环境,还需要机械的不停运转,运行费用较高,因此目前它的使用还是比较少的。

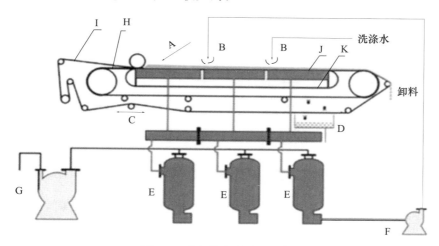

图 4-8　真空带式过滤机示意图

A—料装置;B—淋洗装置;C—纠偏装置;D—清洗装置;E—气液分离器;
F—返水泵;G—真空泵;H—橡胶带;I—滤布;J—真空盒;K—摩擦带

（3）电渗法。

电渗法是在泥浆中插入电极，电流从阳极流向阴极，土颗粒向阳极移动，带有极性的水分子向阴极流动，进而实现泥浆脱水，如图 4-9 所示。

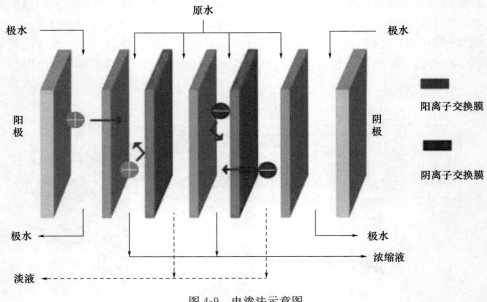

图 4-9　电渗法示意图

4.1.5　真空负压污泥脱水处理系统

（1）底部真空负压污泥脱水处理系统。

底部真空负压污泥脱水处理系统如图 4-10 和图 4-11 所示，系统包括污泥处理池、密封管道和真空负压动力源装置；其中所述的污泥处理池包括池体，该池体内由下至上依次设有贮水层、渗滤层和污泥层，污泥层上覆有密封膜；密封管道的一端与贮水层连通，另一端与真空负压动力源装置相连接。

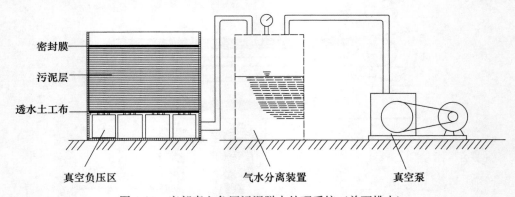

图 4-10　底部真空负压污泥脱水处理系统（单面排水）

（2）真空温度荷载多场耦合处理系统。

真空温度荷载多场耦合处理系统（专利号：ZL 202310169853.7）包括：模型箱、气水

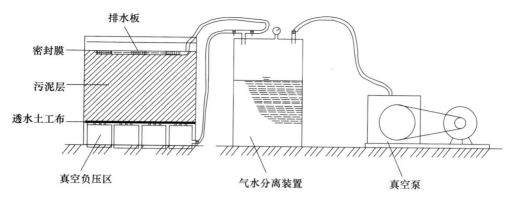

图 4-11　底部真空负压污泥脱水处理系统（双面排水）

分离器、数据采集装置、加热装置、真空抽滤装置等，如图 4-12 所示，以及具有自主知识产权的数据采集分析软件（VCT2022）（著作权号：2023SR0162653），如图 4-13 所示。

　　设备的模型箱采用圆柱体设计，盛放污泥部分高 60cm，底面直径 40cm，模型箱和气水分离器外壁均采用亚克力材质，模型箱底面需铺设过滤污泥颗粒的渗滤介质，是为污泥渗滤介质；距污泥渗滤介质 3cm 高、环绕模型箱侧壁布设有 3 个孔隙水压力传感器、3 个温度传感器、3 个真空度传感器，且顶部排水软管亦从此侧壁高度处进入模型箱内。渗滤介质上盛放需脱水的污泥试样，并采用真空袋套上密封环进行密封。渗滤介质下设置架空层，底部排水管从架空层内抽取污泥试样脱除的水分。

　　在数据采集仪上设置真空度数值并开启真空泵后，若监测到气水分离器内部真空负压达到设定值时电磁阀即关闭，当气水分离器内部真空度小于设置值时电磁阀旋即开启进行真空度补偿。气水分离器上部侧壁设有一个三通阀，一端与气水分离器内部大气相连，另外两头各连接顶部、底部排水管，且均有阀门控制排水管的开闭。台秤置于气水分离器底部记录排水量。

　　恒温水浴装置连接加热顶盖，它可通过数据采集仪调节水温并将热水泵送至顶盖内循环，使污泥从顶部开始受热。沉降测定装置接合顶盖上的接触位点，污泥脱水时可实时监测沉降量。所有数据的记录和参数设定均可通过数据采集仪连接电脑软件完成。

4.1.6　底部真空负压污泥颗粒沉降规律

　　对比自然下渗、无密封底部真空负压、密封底部真空负压三种工况污泥颗粒沉降规律。

　　底部渗流，自然下渗工况，污泥颗粒受到四个竖向力的作用，即竖直向下的重力 G 和渗流力 F 以及竖直向上的浮力 B 及黏滞阻力 f，如图 4-14（a）所示。已知浮力 $B=\gamma_w V$，渗流力 $F=\gamma_w JV$，式中 V 为污泥颗粒体积，J 为水力坡降，对于本试验竖向渗流，水力坡降 $J=1$，所以渗透力 $F=\gamma_w V=B$，数值上与浮力相互抵消。因此，自然下渗工况污泥颗粒可认为只受到竖向的重力 G 和阻力 f。由斯托克斯（Stokes）定律可知，黏滞阻力 $f=-6\pi\eta vr$，式中 η 是水的黏度系数，v 是污泥颗粒相对于水的运动速度，r 是污泥颗粒的半径。污泥颗粒在重力 G 和黏滞阻力 f（初始黏滞阻力为零）作用下做加速运动，随着沉降速度越来越快，污泥颗粒所受的黏滞阻力也越来越大。当达到

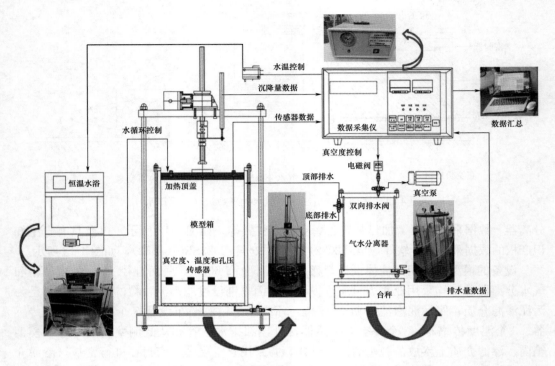

图 4-12　真空温度荷载多场耦合试验系统

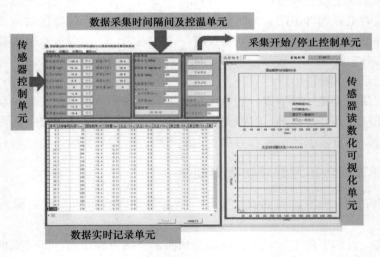

图 4-13　数据采集分析软件

某一沉降速度时，重力和黏滞阻力大小相等，污泥颗粒匀速沉降。此时，污泥颗粒的速度为收尾速度或沉降速度。设污泥颗粒重度为 γ，则污泥颗粒所受重力为 $G = \gamma V = 4\gamma\pi r^3/3$。当污泥颗粒达到沉降速度时，根据受力分析可知 $6\pi\eta vr = \gamma V$，则污泥颗粒沉降速度 $v = \gamma V/6\pi\eta r = 2\gamma r^2/9\eta$。从该式可以看出，粒径 r 越大颗粒沉降速度 v 越快，因此，污泥粗颗粒沉积在污泥泥饼底部，污泥细颗粒沉积在污泥泥饼上部。于是污泥颗粒在透水土工布上表面与土工布一起形成一个自上而下颗粒粒径逐渐变大的"天然反滤层"。随着污泥细颗粒的沉积,"反滤层"出现淤堵现象。

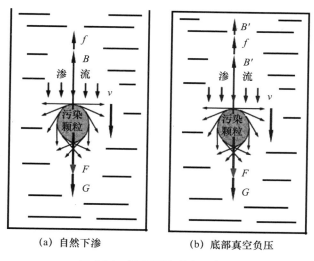

(a) 自然下渗　　　　　　　　(b) 底部真空负压

图 4-14　污泥颗粒受力示意图

当底部施加真空负压时,将在污泥浆液中产生负的超静孔压,孔隙水压力监测结果显示,污泥浆液中负超静孔隙水压力从下部向上部传递。毛昶熙先生认为"静水压力的传递结果产生浮力,致使土粒的有效质量减轻变为潜水浮重","土体的浮力等于上下表面的静水压力差"。由此可知,负超静孔压从下部向上部传递,相当于对污泥颗粒施加了一个向上的竖向浮力 B',如图 4-14(b)所示该力迟滞了污泥颗粒的沉降。图 4-15(a)为无密封污泥浆液中超静孔压分布示意图,污泥浆液表面负超静孔压为零;图 4-15(b)为密封污泥浆液中负超静孔压分布示意图,污泥浆液表面以上有密封膜,膜与浆液表面之间存有残余空气层,随液面下降,空气间层气体稀释,浆液表层受到负超静孔压影响。由孔压分布图可见,无密封工况孔压分布图斜率小于密封工况,可知,无密封工况污泥颗粒附加浮力 B' 大于密封工况。因此,试验实测数据,自然下渗工况污泥颗粒沉积最快,无密封底部真空负压工况次之,密封底部真空负压工况污泥颗粒沉积最慢。

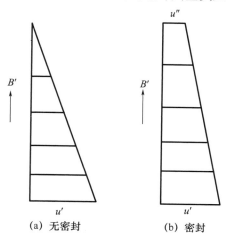

(a) 无密封　　　　　　　　(b) 密封

图 4-15　污泥浆液超静孔压分布示意图

从多孔介质学角度，底部真空负压工况污泥脱水过程可划分为两个阶段：第一阶段是污泥颗粒絮凝沉积，如图 4-16（a）所示。箱体中的污泥颗粒沉积到透水土工布表面，并在表面形成污泥泥饼。试验前期，污泥泥饼沉积较薄，污泥孔隙中大量间隙水分析出并透过污泥泥饼从底部排出，污泥迅速脱水，体积急剧浓缩。

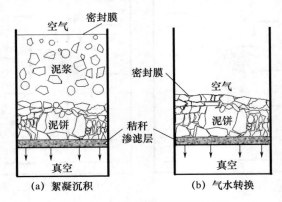

图 4-16　污泥絮凝沉积固结过程

第二阶段是上清液面消失，在真空负压作用下真空负压气流驱替污泥孔隙水脱水，如图 4-16（b）所示，即真空负压气流穿过污泥泥饼的孔隙并置换污泥泥饼中赋存的少量间隙水和部分结合水。当无密封时，上清液消失，"水封效应"失效，随着污泥脱水体积收缩，污泥泥饼出现多处不规则贯通裂隙。在真空负压作用下，污泥层表细颗粒填充到裂隙内，真空负压荷载迅速下降至很小，此后，污泥在自重和残余真空负压下继续缓慢脱水。所以，无密封试验最终污泥含水率大于自然下渗污泥含水率。当污泥表面密封时，由于密封膜的存在，真空负压气流穿透污泥泥饼，传递到密封膜下，污泥泥饼中开始出现真空负压，密封膜被紧紧吸附在污泥泥饼表面。污泥泥饼在底部真空负压和上表面大气压力作用下像挤压海绵体一样，挤压污泥泥饼加速污泥脱水，污泥由"豆脑状"变成"豆干状"，因而，密封工况污泥脱水效果最好，最终污泥含水率最小。因为自然下渗工况仅经历了第一阶段，所以污泥脱水效果最差，最终污泥含水率最大。无密封工况经历了第二阶段的部分过程，所以污泥脱水效果好于自然下渗工况，但远比密封工况差，最终污泥含水率居中。

污泥颗粒絮体结构如图 4-17 所示，由污泥胞外聚合物（EPS）有机絮体和胞内物质组成，EPS 包含紧密结合的胞外聚合物（TB-EPS）、松散结合的胞外聚合物（LB-EPS）及溶解性胞外聚合物（S-EPS）。自然下渗工况，污泥细颗粒沉积填充先期沉积的粗颗粒间隙形成致密的污泥沉积层，上清液滞水下渗困难，污泥脱水缓慢，因此，SEM 微观结构显示污泥细颗粒较多，颗粒间隙较小；无密封底部真空负压工况，污泥细颗粒流失到裂隙中，污泥絮凝体在真空负压下失水收缩，胞外聚合物外露，污泥表面粗糙，颗粒间隙较大；密封底部真空负压工况，污泥间隙水连同污泥微细颗粒被真空负压气流驱替，因此，污泥表面光滑，污泥颗粒絮体及粒间孔隙较大。

4.1.7　底部真空负压污泥脱水固结机理浅析

（1）污泥孔隙水渗流特征。

污泥颗粒具有高亲水性，污泥颗粒表面吸附了一层水膜，颗粒表面水膜按顺序由强结合水、弱结合水和自由水组成，如图 4-18 所示。

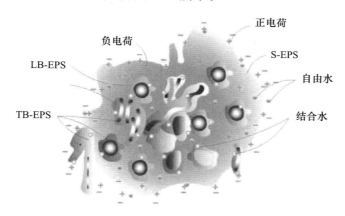

图 4-17　污泥颗粒絮体结构图

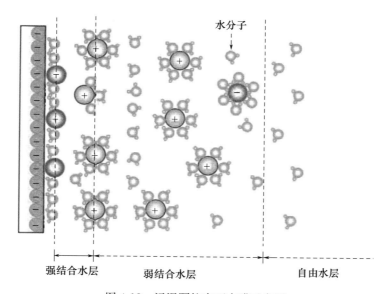

图 4-18　污泥颗粒表面水膜示意图

　　污泥颗粒在底部真空负压作用下絮凝沉降，在秸秆层表面成层沉积。由于污泥固体的高压缩性，在真空负压作用下，污泥孔隙中自由水大量排出，污泥体积浓缩变形，孔隙变窄，污泥颗粒表面结合水膜逐渐占据了污泥颗粒之间的渗流孔隙，渗流不再发生。随着水头增大，孔隙水挤开结合水膜的堵塞，再次发生渗流，如图 4-19（a）所示。

　　可知，污泥中孔隙水渗流不服从 Darcy 定律，渗流存在初始水力梯度 i_0，如图 4-19（b）所示。当水力梯度 $i < i_0$ 时，孔隙中的结合水膜限制了自由水在孔隙间的流动，此时，污泥中的孔隙水不发生渗流；而当水力梯度逐渐升高至 i_0 时，在孔隙水压力作用下，结合水中的弱结合水转化为孔隙中自由水并发生流动，即克服起始水力梯度 i_0，渗流开始；当水力梯度 $i > i_0$ 时，污泥中孔隙水渗流速度 v 与水力梯度 i 近似满足 Darcy 定律。因此，对于污泥这种低渗多孔介质，其渗流具有非 Darcy 特征。实测污泥脱水数据可见污泥脱水具有间断性，表明孔隙水需要不断克服初始水力梯度 i_0 而进行渗流排水，污泥中孔隙水渗流为非 Darcy 渗流。

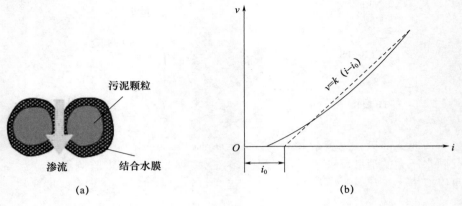

图 4-19　污泥渗流模型

（2）真空度的衰减特征及孔隙水压力的消散与传递规律。

真空，是指在给定空间内低于环境大气压力的气体状态，即该空间内的气体分子密度低于该地区大气压的气体分子密度，而并不是没有物质的空间。在真空技术中，表示处于真空状态下气体稀薄程度的量称为真空度，通常用气体的压力（剩余压力）值来表示。气体压力越低，表示真空度越高；反之，压力越高，真空度越低。所以，真空是用来描述气体状态的，不能用于描述液体状态。孔隙水压力，是用于描述液体压力状态的，负压通常指负的孔隙水压力，属于液体的测压管压力，实际上是一种相对压力，相对于预先认为零压力的大气压力，有正压和负压之分。真空度和孔隙水压力是两个不同的概念，二者实测出的结果也是有区别的，如图 4-20 和图 4-21 所示。真空度的测量一般采用真空度表，负孔隙水压力的测量一般采用孔隙水压力计。从真空度和孔隙水压力监测点的试验监测数据可知，真空度与负压在数值和规律上存在明显差别，负孔隙水压力数值明显大于真空度数值，说明二者是两个不同的概念。

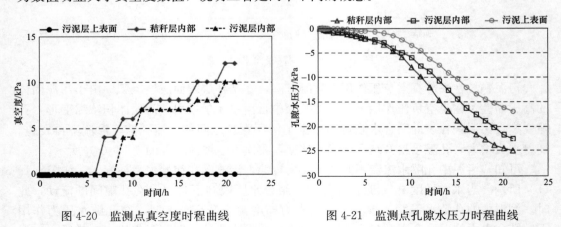

图 4-20　监测点真空度时程曲线　　　图 4-21　监测点孔隙水压力时程曲线

污泥是一种多孔介质，污泥中的孔隙组成大小不一的孔道，孔道中充满了水和气。开始抽真空时，底层的气体首先被抽走，形成真空，在接近秸秆渗滤层污泥中，较大的连通孔道中的水和气由于压差的作用被吸出，并逐渐连通污泥中较小的孔道，这时排出的水主要是分布于污泥孔隙中的自由水，污泥表面水位下降，改变了污泥中竖向自重应力，污泥中更细小孔隙中的水承受了负超静孔隙水压力，并逐渐排出，产生固结。由于自由水的存在产生"水封"作用，使得污泥层下部的真空度难以向污泥层上部扩散。抽真空前期密封膜浮贴于污泥层上表面，后期密封膜紧贴于污泥层上表面，表明前期"水封"作用，真空度被隔绝在下部，后期"真空流体"驱替泥饼孔隙中的水分，在污泥中通过"指进"作用打开一条道路，"指进"逐渐分枝接近污泥上部并到达密封膜下部，密封膜被吸附于污泥表面，进而挤压污泥脱水。

　　负孔隙水压力值在抽真空开始时均为零，随着抽真空进行，污泥底部负孔隙水压力逐渐大于污泥上部负孔隙水压力，表明负压逐渐由底部向上部传递。

　　孔隙水压力的消散反映了污泥脱水固结的程度，由图 4-21 监测点孔隙水压力时程曲线可以看出，污泥脱水固结是由污泥底逐渐向靠近密封膜的污泥表层扩展。同时可以发现，负超静孔隙水压力前期和后期消散缓慢，中期消散迅速，消散拐点出现在中期。传统真空预压排水固结土中孔压消散规律如图 4-22 所示，前期消散快，后期消散慢，二者规律不一致。分析原因，传统真空预压上部抽真空，孔隙水分从上表面排出；抽真空初期，孔隙水分从排水通道迅速排出，地下水位下降，负超静孔隙水压力迅速消散，孔隙水压力转化为有效应力，所以表现为前期消散迅速；抽真空后期孔隙水排出较慢，表现为孔隙水压力消散较慢。对于底部真空负压排水，污泥水分需要穿过下部污泥泥饼孔隙排出，下部污泥泥饼孔隙中的水分排出后，被上部源源不断渗入的水分补充，孔隙被压力水充满，难以被压缩，从而难以转化为有效应力，所以，虽然污泥脱水前期较快，但是前期表现出的是孔隙水压力消散较慢；当污泥泥饼上部不再有多余水分下渗后，泥饼中的水分排出，孔隙水压力消散，在内部压力下孔隙变小，转化为有效应力，所以表现为中期孔隙水压力消散迅速；后期，污泥中仅余部分自由水和束缚水，脱水较慢，表现为孔隙水压力消散再次变缓，并逐渐趋于稳定。

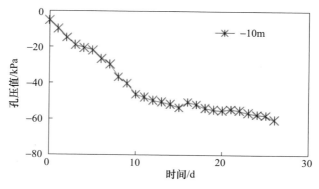

图 4-22　传统真空预压实测超静孔压时程曲线

4.2　底部真空负压污泥脱水大变形固结理论

4.2.1　大变形固结理论

　　本书关于污泥固结部分的大变形公式是基于 Gibson 提出的大变形控制方程基础上

展开的。控制方程如下式：

$$\left(\frac{\rho_s}{\rho_f}-1\right)\cdot\frac{\mathrm{d}}{\mathrm{d}z}\left[\frac{k(e)}{1+e}\right]\frac{\partial e}{\partial z}+\frac{\partial}{\partial z}\left[\frac{k(e)}{\rho_f(1+e)}\cdot\frac{\mathrm{d}\sigma'}{\mathrm{d}e}\cdot\frac{\partial e}{\partial z}\right]+\frac{\partial e}{\partial t}=0 \tag{4-1}$$

等式两边同时除以：

$$\left[-\frac{k(e)}{\rho_f\cdot(1+e)}\cdot\frac{\mathrm{d}\sigma'}{\mathrm{d}e}\right]$$

可得：

$$\left[(\rho_f-\rho_s)\cdot\frac{\mathrm{d}}{\mathrm{d}z}\left(\frac{\mathrm{d}\sigma'}{\mathrm{d}e}\right)\right]\frac{\partial e}{\partial z}+\frac{\partial^2 e}{\partial z^2}=\left[\frac{\rho_f(1+e)}{k(e)}\cdot\frac{\mathrm{d}e}{\mathrm{d}\sigma'}\right]\frac{\partial e}{\partial t} \tag{4-2}$$

令：

$$\lambda(e)=-\frac{\mathrm{d}}{\mathrm{d}z}\left(\frac{\mathrm{d}\sigma'}{\mathrm{d}e}\right) \tag{4-3}$$

$$g(e)=\frac{k(e)}{\rho_f(1+e)}\cdot\frac{\mathrm{d}\sigma'}{\mathrm{d}e} \tag{4-4}$$

可以将控制方程（4-2）化简为：

$$\frac{\partial^2 e}{\partial z^2}+\lambda(\rho_s-\rho_f)\frac{\partial e}{\partial z}=\frac{1}{g}\frac{\partial e}{\partial t} \tag{4-5}$$

式（4-3）、式（4-4）中$\lambda(e)$与$g(e)$的表达式，根据 Gibson 等的研究对于某些黏土来说，除非加载的增量非常大，不然 g 值将明显恒定。

然后假定变系数 $\lambda(e)$ 为常数，因此控制方程（4-5）就变成了线性方程，可以进行求解。根据式（4-3）可得：

$$e=(e_0-e_\infty)\mathrm{e}^{(-\lambda z')}+e_\infty \tag{4-6}$$

根据（4-3）、式（4-4）中$\lambda(e)$与$g(e)$的表达式可知，要使控制方程（4-5）成立，污泥的有效应力σ'必然不等于0；且伴随着污泥的脱水固结，污泥的有效应力是变化的，即：$\mathrm{d}\sigma'\neq0$。

高含水率污泥在底部真空作用下脱水固结，必然存在污泥的有效应力从无到有的过程；而有效应力产生以后，其脱水固结的过程便符合一维非线性大变形固结控制方程，本书根据污泥自身的特点以及相应的条件对大变形固结方程进行推导。

4.2.2 一维非线性大变形固结的定解问题

污泥在底部真空脱水固结过程中的边界条件与初始条件：

初始条件：$e_{(z,t)}\big|_{t=0}=e_{(z,0)}$，其中$e_{(z,0)}$可通过试验进行拟合，得出污泥孔隙比$e_{(z,0)}$与污泥深度 z 之间的关系。

边界条件：$e_{(z,t)}\big|_{z=0}=e_0$（定值），其中e_0为固定压力下污泥达到的最小孔隙比；$e_{(z,t)}\big|_{z=l}=e_{(l,t)}$，由于为底部真空排水，为保证排水系统的密闭性，上部密封不排水，因此$e_{(z,t)}\big|_{z=l}=0$。

根据 Gibson 大变形固结理论的特点，市政污泥的含水率在脱水过程中不断减小，污泥逐渐产生有效应力，此时污泥的固结变形开始适用于大变形固结理论。控制方程如下：

$$\frac{\partial^2 g}{\partial^2 z}+\lambda_1\frac{\partial e}{\partial z}=\frac{1}{g}\frac{\partial e}{\partial t} \tag{4-7}$$

其中$\lambda_1=\lambda(\rho_s-\rho_f)$。

4.2.3　底部真空大变形固结问题的解析与推导

为了对以上定解问题求解，首先对控制方程进行化简。

首先假定 $e_{(z,t)}$ 的定解方程如下式：

$$e_{(z,t)}=Ce^{(-\lambda_1 z)}+e^{\left(\frac{-\lambda_1 z}{2}-\frac{\lambda_1^2 gt}{4}\right)} \cdot E(z,t)+e_\infty \tag{4-8}$$

其中 $C=e_{(0,0)}-e_\infty$

$e_{(z,t)}$ 对 z 求一阶偏导可得式（4-9）：

$$\frac{\partial e}{\partial z}=-\lambda_1 C \cdot e^{(-\lambda_1 z)}+\frac{-\lambda_1}{2} \cdot e^{\left(\frac{-\lambda_1 z}{2}-\frac{\lambda_1^2 gt}{4}\right)} \cdot E(z,t)+\dot{E}_z(z,t) \cdot e^{\left(\frac{-\lambda_1 z}{2}-\frac{\lambda_1^2 gt}{4}\right)} \tag{4-9}$$

$e_{(z,t)}$ 对 z 求二阶偏导可得式（4-10）：

$$\frac{\partial^2 e}{\partial^2 z}=\lambda_1^2 C \cdot e^{(-\lambda_1 z)}+\left[\frac{\lambda_1^2}{4} \cdot e^{\left(\frac{-\lambda_1 z}{2}-\frac{\lambda_1^2 gt}{4}\right)}\right] \cdot E(z,t)-\frac{-\lambda_1}{2} \cdot e^{\left(\frac{-\lambda_1 z}{2}-\frac{\lambda_1^2 gt}{4}\right)} \cdot \dot{E}_z(z,t)+$$

$$\ddot{E}_z(z,t) \cdot e^{\left(\frac{-\lambda_1 z}{2}-\frac{\lambda_1^2 gt}{4}\right)}-\frac{-\lambda_1}{2} \cdot \dot{E}_z(z,t) \cdot e^{\left(\frac{-\lambda_1 z}{2}-\frac{\lambda_1^2 gt}{4}\right)} \tag{4-10}$$

$e_{(z,t)}$ 对 t 求一阶偏导可得式（4-11）：

$$\frac{\partial e}{\partial t}=-\frac{\lambda_1^2 g}{4} \cdot e^{\left(\frac{-\lambda_1 z}{2}-\frac{\lambda_1^2 gt}{4}\right)} \cdot E(z,t)+\dot{E}_t(z,t) \cdot e^{\left(\frac{-\lambda_1 z}{2}-\frac{\lambda_1^2 gt}{4}\right)} \tag{4-11}$$

将式（4-9）、式（4-10）、式（4-11）代入式（4-7）式可得：

$$\ddot{E}_z(z,t) \cdot e^{\left(\frac{-\lambda_1 z}{2}-\frac{\lambda_1^2 gt}{4}\right)}-\frac{1}{g}\dot{E}_t(z,t) \cdot e^{\left(\frac{-\lambda_1 z}{2}-\frac{\lambda_1^2 gt}{4}\right)}=0 \tag{4-12}$$

由于

$$e^{\left(\frac{-\lambda_1 z}{2}-\frac{\lambda_1^2 gt}{4}\right)} \neq 0$$

因此式（4-12）可化简为：

$$\ddot{E}_z(z,t)-\frac{1}{g}\dot{E}_t(z,t)=0 \tag{4-13-1}$$

式（4-13-1）即为控制方程，消除 e 对 z 的一阶偏导项的变形方程。

将式（4-8）代入方程边界条件，与初始条件可得：

初始条件：

$$E(z,0)=e^{\left(\frac{\lambda_1 z}{2}\right)} \cdot \left[e_{(z,0)}-Ce^{(-\lambda_1 z)}-e_\infty\right] \tag{4-13-2}$$

边界条件：

$$E(0,t)=\left[e(0,t)-(C+e_\infty)\right] \cdot e^{\left(\frac{\lambda_1^2 gt}{4}\right)} \tag{4-13-3}$$

$$E(l,t)=-\left[e_\infty+Ce^{(-\lambda_1 l)}\right] \cdot e^{\left(\frac{\lambda_1 l}{2}+\frac{\lambda_1^2 gt}{4}\right)} \tag{4-13-4}$$

对上述方程的边界条件齐次化：

设：

$$E(z,t)-W(z,t)=U(z,t) \tag{4-14}$$

将边界条件代入：

$$U(0,t)=E(0,t)-W(0,t)=0$$

$$U(l,t)=E(l,t)-W(l,t)=0$$

可得：

$$W\ (0,\ t)\ =[e\ (0,\ t)\ -(C+e_\infty)]\cdot e^{\left(\frac{\lambda_1^2 gt}{4}\right)}=p\ (t) \tag{4-15}$$

$$W\ (l,\ t)\ =-[e_\infty+Ce^{(-\lambda_1 l)}]\cdot e^{\left(\frac{\lambda_1 l}{2}+\frac{\mu_1^2 gt}{4}\right)}=q\ (t) \tag{4-16}$$

设：

$$W\ (z,\ t)\ =A\ (t)\ z+B\ (t) \tag{4-17}$$

其中：

$$A(t)=\frac{1}{l}\ [q(t)-p(t)],\ B(t)=p\ (t)$$

由此可得：

$$W(z,\ t)=\frac{1}{l}\{-[e_\infty+Ce^{(-\lambda_1 l)}]\cdot e^{\left(\frac{\lambda_1 l}{2}+\frac{\lambda_1^2 gt}{4}\right)}-[e(0,\ t)-(C+e_\infty)]\cdot e^{\left(\frac{\lambda_1^2 gt}{4}\right)}\}\cdot z+$$

$$[e_0-(C+e_\infty)]\cdot e^{\left(\frac{\lambda_1^2 gt}{4}\right)} \tag{4-18}$$

将式（4-14）按要求求导，代入式（4-13-1）、式（4-13-2）、式（4-13-3）、式（4-13-4）可得：

$$U_t=gU_{zz}-W'_t(z,\ t) \tag{4-19-1}$$

设：$W'_t(z,\ t)=f\ (z,\ t)$，$g=a^2$可得

$U(z,\ t)$的控制方程为：

$$U_t=a^2 U_{zz}-f\ (z,\ t) \tag{4-19-1-1}$$

初始条件为：

$$U\ (z,\ 0)\ =e^{\left(\frac{\lambda_1 z}{2}\right)}\cdot [e_{(z,0)}-Ce^{(-\lambda_1 z)}-e_\infty]-\frac{z}{l}\{-[e_\infty+Ce^{(-\lambda_1 l)}]\cdot e^{\left(\frac{\lambda_1 l}{2}\right)}-$$

$$[e_0-(C+e_\infty)]\}-[e_0-(C+e_\infty)]=\varphi\ (z) \tag{4-19-2}$$

边界条件：

$$U\ (0,\ t)\ =0 \tag{4-19-3}$$

$$U\ (l,\ t)\ =0 \tag{4-19-4}$$

由相应的齐次方程与边界条件式的本征函数集为：

$$\{\sin\frac{n\pi}{l}x\}\ (n=1,\ 2,\ 3,\ \cdots)$$

故一般解设为

$$U(z,t)=\sum_{n=1}^\infty g_n(t)\cdot\sin\frac{n\pi}{l}z \tag{4-20}$$

其中$g_n(t)$作为函数$U(z,\ t)$的半幅傅立叶级数的展开式，应满足于：

$$g_n(t)=\frac{2}{l}\int_0^l U(z,t)\cdot\sin\frac{n\pi}{l}z\,\mathrm{d}z \tag{4-21}$$

将驱动方程按本征函数集展开：

$$f(z,t)=\sum_{n=1}^\infty f_n(t)\cdot\sin\frac{n\pi}{l}z\,\mathrm{d}z$$

可得：

$$f_n(t)=\frac{2}{l}\int_0^l f(z,t)\cdot\sin\frac{n\pi}{l}z\,\mathrm{d}z \tag{4-22}$$

将式（4-21）、式（4-22）代入式（4-19-1-1）、式（4-19-2）得：

$$\sum_{n=1}^{\infty} g'_n(t) \cdot \sin\frac{n\pi}{l}z = -\sum_{n=1}^{\infty} \frac{(na\pi)^2}{l^2} g_n(t) \cdot \sin\frac{n\pi}{l}z + \sum_{n=1}^{\infty} f_n(t)\sin\frac{n\pi}{l}z$$

上式化简可得：

$$\sum_{n=1}^{\infty}\left[g'_n(t) + \left(\frac{na\pi}{l}\right)^2 g_n(t) - f_n(t)\right] \cdot \sin\frac{n\pi}{l}z = 0 \qquad (4\text{-}23)$$

$$g_n(0) = \frac{2}{l}\int_0^l U(z,0) \cdot \sin\frac{n\pi}{l}z\,\mathrm{d}z \qquad (4\text{-}24)$$

结合式（4-19-2）可得：

$$\varphi(z) = U(z,0) = \sum_{n=1}^{\infty} g_n(0) \cdot \sin\frac{n\pi}{l}z \qquad (4\text{-}25)$$

即 $g_n(0)$ 是关于 "z" 的函数 $\varphi(z)$ 的半幅傅立叶级数的展开式，故记 $g_n(0) \equiv C_n$，其中：

$$C_n = \frac{2}{l}\int_0^l \varphi(z) \cdot \sin\frac{n\pi}{l}z\,\mathrm{d}z \qquad (4\text{-}26)$$

由式（4-23）可得：

$$g'_n(t) + \left(\frac{na\pi}{l}\right)^2 g_n(t) = f_n(t) \qquad (4\text{-}27)$$

对式（4-27）作 Laplace 变换可得：

$$P \cdot G_n(p) + g_n(0) + \left(\frac{na\pi}{l}\right)^2 G_n(p) = F_n(p)$$

$$G_n(p) = \frac{F_n(p) - g_n(0)}{P + \left(\frac{na\pi}{l}\right)^2} \qquad (4\text{-}28)$$

对式（4-28）作 Laplace 逆变换可得：

$$g_n(t) = C_n \cdot \mathrm{e}^{-\left(\frac{n\pi}{l}\right)^2 t} + \int_0^t f_n(\tau) \cdot \mathrm{e}^{-\left(\frac{n\pi}{l}\right)^2(t-\tau)}\,\mathrm{d}\tau \qquad (4\text{-}29)$$

将式（4-29）代入式（4-20）可得：

$$U(z,t) = \sum_{n=1}^{\infty} \mathrm{e}^{-\left(\frac{n\pi}{l}\right)^2 t} \cdot \left[C_n + \int_0^t f_n(\tau) \cdot \mathrm{e}^{\left(\frac{n\pi}{l}\right)^2 \tau}\,\mathrm{d}\tau\right] \cdot \sin\frac{n\pi}{l}z \qquad (4\text{-}30)$$

由式（4-14）：$E(z,\ t) - W(z,\ t) = U(z,\ t)$

可得：

$$E(z,t) = \sum_{n=1}^{\infty} \mathrm{e}^{-\left(\frac{n\pi}{l}\right)^2 t} \cdot \left[C_n + \int_0^t f_n(\tau) \cdot \mathrm{e}^{\left(\frac{n\pi}{l}\right)^2 \tau}\,\mathrm{d}\tau\right] \cdot \sin\frac{n\pi}{l}z +$$
$$\frac{1}{l}\left\{-\left[e_\infty + C\mathrm{e}^{(-\lambda_1 l)}\right] \cdot \mathrm{e}^{\left(\frac{\lambda_1 l}{2} + \frac{\lambda_1^2 gt}{4}\right)} - \left[e_0 - (C + e_\infty)\right] \cdot \mathrm{e}^{\left(\frac{\lambda_1^2 gt}{4}\right)}\right\} \cdot z +$$
$$\left[e_0 - (C + e_\infty)\right]\mathrm{e}^{\left(\frac{\lambda_1^2 gt}{4}\right)} \qquad (4\text{-}31)$$

又由式（4-8）：$e_{(z,t)} = C\mathrm{e}^{(-\lambda_1 z)} + \mathrm{e}^{\left(\frac{-\lambda_1 z}{2} - \frac{\lambda_1^2 gt}{4}\right)} \cdot E(z,\ t) + e_\infty$

可得底部真空的大变形公式 $e_{(z,t)}$：

$$e_{(z,t)} = C\mathrm{e}^{(-\lambda_1 z)} + \mathrm{e}^{\left(\frac{-\lambda_1 z}{2} - \frac{\lambda_1^2 gt}{4}\right)} \cdot$$

$$\left.\begin{array}{l} \sum_{n=1}^{\infty} \mathrm{e}^{-\left(\frac{n\pi}{l}\right)^2 t} \cdot \left[C_n + \int_0^t f_n(\tau) \cdot \mathrm{e}^{\left(\frac{n\pi}{l}\right)^2 \tau} \mathrm{d}\tau \right] \cdot \sin \frac{n\pi}{l} z + \\ \frac{1}{l} \left\{ -\left[e_\infty + C\mathrm{e}^{(-\lambda_1 l)} \right] \cdot \mathrm{e}^{\left(\frac{\lambda_1 l}{2} + \frac{\lambda_1^2 gt}{4}\right)} - \left[e_0 - (C + e_\infty) \right] \cdot \mathrm{e}^{\left(\frac{\lambda_1^2 gt}{4}\right)} \right\} \cdot z + \\ \left[e_0 - (C + e_\infty) \right] \mathrm{e}^{\left(\frac{\lambda_1^2 gt}{4}\right)} \end{array}\right\} + e_\infty \quad (4\text{-}32)$$

认为 $e_{(z,0)} = e_{(0,0)}$ 为常数时，式（4-32）中 C_n、$f_n(t)$ 的表达式为：

$$C_n = \frac{8n\pi}{4\,n^2\pi^2 + \lambda_1^2 l^2} \cdot \left[(-1)^n \cdot \left(C \cdot \mathrm{e}^{\frac{-\lambda_1 z}{2}} - e_{(z,0)} \cdot \mathrm{e}^{\frac{\lambda_1 z}{2}} + e_\infty \cdot \mathrm{e}^{\frac{\lambda_1 z}{2}} \right) \right] -$$
$$\frac{2}{n\pi} \cdot \left[(-1)^n \cdot \left(C \cdot \mathrm{e}^{\frac{-\lambda_1 z}{2}} + e_\infty \cdot \mathrm{e}^{\frac{\lambda_1 z}{2}} \right) + (e_0 - C - e_\infty) \right] \quad (4\text{-}33)$$

$$f_n(t) = \frac{\lambda_1^2 g}{2n\pi} \cdot \mathrm{e}^{\left(\frac{\lambda_1^2 gt}{4}\right)} \cdot \left[(-1)^2 \cdot \left(C \cdot \mathrm{e}^{\frac{-\lambda_1 z}{2}} + e_\infty \cdot \mathrm{e}^{\frac{\lambda_1 z}{2}} \right) + (e_0 - C - e_\infty) \right] \quad (4\text{-}34)$$

由于推导出的大变形固结公式 $e_{(z,t)}$ 表达式太过复杂，直接对污泥脱水固结过程进行计算可能会有很大的计算量，因此根据实际的试验条件，对大变形固结公式 $e_{(z,t)}$ 表达式进行简化。

4.2.4 解析方程 $e_{(z,t)}$ 的简化与验证

1）解析方程 $e_{(z,t)}$ 的简化。

试验以及实际工程中，会出现土层相对较薄的现象。根据上文中提到的表达式：$\lambda_1 = (\rho_f - \rho_s) \cdot \lambda\,(e)$，在土层较薄时，土体自身重力对土体固结的影响远远小于外部的加载条件对土体固结的影响。因此可以忽略土体自重的影响，认为 $(\rho_f - \rho_s) = 0$，即 $\lambda_1 = 0$。

将 $\lambda_1 = 0$ 代入式（4-32）可得简化的 $e_{(z,t)}$ 的解析方程：

$$e_{(z,t)} = \sum_{n=1}^{\infty} \mathrm{e}^{-\left(\frac{n\pi}{l}\right)^2 t} \cdot \left[C_n + \int_0^t f_n(\tau) \cdot \mathrm{e}^{\left(\frac{n\pi}{l}\right)^2 \tau} \mathrm{d}\tau \right] \cdot \sin \frac{n\pi}{l} z + e_0 \cdot \frac{l-z}{l} \quad (4\text{-}35)$$

再将 $\lambda_1 = 0$ 代入式（4-33）、式（4-34）可得：

$$C_n = \frac{2}{n\pi} \left\{ \left[1 - (-1)^n \right] \cdot e_{(0,0)} - e_0 \right\} \quad (4\text{-}36)$$

$$f_n\,(t) = 0 \quad (4\text{-}37)$$

将式（4-36）、式（4-37）代入式（4-35），可以得到 $e_{(z,t)}$ 的解析方程最终的表达式为：

$$e_{(z,t)} = \frac{2}{n\pi} \sum_{n=1}^{\infty} \mathrm{e}^{-\left(\frac{n\pi}{l}\right)^2 t} \cdot \left\{ \left[1 - (-1)^n \right] \cdot e_{(0,0)} - e_0 \right\} \cdot \sin \frac{n\pi}{l} z + e_0 \cdot \frac{l-z}{l} \quad (4\text{-}38)$$

2）解析方程 $e_{(z,t)}$ 的验证。

在相同初始条件和边界条件下对 $e_{(z,t)}$ 的解析方程的最终表达式（4-38）进行验证，证明 $e_{(z,t)}$ 解析方程推导的正确性。验证过程如下：

由于土层较薄，可直接假设 $(\rho_f - \rho_s) = 0$，即 $\lambda_1 = 0$；则原控制方程可表示为：

$$\frac{\partial^2 g}{\partial z^2} = \frac{1}{g} \frac{\partial e}{\partial t} \quad (4\text{-}39)$$

边界条件与初始条件与之前一致，表示为：

初始条件：$e_{(z,t)}\big|_{t=0}=e_{(z,0)}$

边界条件：$e_{(z,t)}\big|_{z=0}=e_0$

$\quad\quad\quad\quad e_{(z,t)}\big|_{z=1}=0$

其中初始时刻底部的污泥孔隙比表示为$e_{(0,0)}$，在某一压力下固结完成后的污泥孔隙比表示为e_∞。

首先对上式定解问题的边界条件进行化简，使其边界条件都等于 0。

令：

$$\Omega(z)=e_0\cdot\frac{l-z}{l} \tag{4-40}$$

$$e_{(z,t)}=V_{(z,t)}+\Omega(z) \tag{4-41}$$

可得控制方程：

$$\frac{\partial V}{\partial t}=g\frac{\partial^2 v}{\partial z^2} \tag{4-42}$$

初始条件：$V_{(z,t)}\big|_{t=0}=e_{(z,0)}-e_0\cdot\dfrac{l-z}{l}$

边界条件：$V_{(z,t)}\big|_{z=0}=0$

$\quad\quad\quad\quad V_{(z,t)}\big|_{z=l}=0$

由分离变量法可得

设：

$$V_{(z,t)}=Z(z)\cdot T(t) \tag{4-43}$$

将式（4-43）相应求导后代入式（4-42）可得：

$$\frac{Z'(z)}{Z(z)}=\frac{T'(t)}{g\cdot T(t)}=-\beta \tag{4-44}$$

其中β必为常数，由此可得：

$$Z'(z)+\beta Z(z)=0 \tag{4-45}$$

$$T'(t)+\beta\cdot g\cdot T(t)=0 \tag{4-46}$$

解式（4-45）的特征方程并代入边界条件可得

$$Z_n(z)=A_n\cdot\sin\frac{n\pi}{l}z\quad n=1,2,3,\cdots \tag{4-47}$$

和特征值β_n

$$\beta_n=\left(\frac{n\pi}{l}\right)^2\quad n=1,2,3,\cdots \tag{4-48}$$

将特征值β_n代入式（4-46）可得：

$$T_n(t)=B_n e^{-\beta_n gt}\quad n=1,2,3,\cdots \tag{4-49}$$

可得：

$$V_n(z,t)=C_n e^{-\beta_n gt}\cdot\sin\frac{n\pi}{l}z\quad n=1,2,3,\cdots \tag{4-50}$$

其中$C_n=A_n\cdot B_n$

由于方程的边界条件是齐次的，利用叠加原理可得定解问题的形式解为：

$$V_n(z,t)=\sum_{n=1}^{\infty}V_n(z,t)=\sum_{n=1}^{\infty}C_n e^{-\beta_n gt}\cdot\sin\frac{n\pi}{l}z \tag{4-51}$$

由定解问题的初始条件得：

$$V(z,0) = \sum_{n=1}^{\infty} C_n \cdot \sin\frac{n\pi}{l}z = e_{(z,0)} - e_0 \cdot \frac{l-z}{l} \tag{4-52}$$

$$C_n = \frac{2}{l}\int_0^l \left(e_{(z,0)} - e_0 \cdot \frac{l-z}{l}\right) \cdot \sin\frac{n\pi}{l}z\,\mathrm{d}z \tag{4-53}$$

当 $e_{(z,0)} = e_{(0,0)}$ 为常数时，解得：

$$C_n = \frac{2}{n\pi}\left\{e_{(0,0)} \cdot [1-(-1)^n] - e_0\right\} \tag{4-54}$$

将式（4-40）、式（4-52）、式（4-54）代入式（4-41）其中 $g=a^2$，可得：

$$e_{(z,t)} = \frac{2}{n\pi}\sum_{n=1}^{\infty} \mathrm{e}^{-\left(\frac{n\pi}{l}\right)^2 t} \cdot \left\{[1-(-1)^n] \cdot e_{(0,0)} - e_0\right\} \cdot \sin\frac{n\pi}{l}z + e_0 \cdot \frac{l-z}{l} \tag{4-55}$$

对比式（4-38）与式（4-55）的表达式发现两式相同，从而可以证明在考虑自重情况下，即 $\lambda_1 \neq 0$ 情况下，大变形解析方程 $e_{(z,t)}$ 的表达式（4-32）的正确性。

4.2.5 大变形固结中绝对沉降量 $S(L，t)$ 的求解

如图 4-23 所示，污泥固结形态，土层厚度为 H，底面为不可压缩的排水边界。在固定坐标下，距离土体底部 z 的位置有一点 Q，为土体微小单元。在普通土的沉降过程中，土体的沉降量远远小于土体厚度，土体微元 Q 的位置变化十分微小；控制方程解析时，沉降过程中依然认为土体边界为 $0 \leqslant z \leqslant H$，对方程进行求解不会有太大问题。然而，对于污泥土这种压缩性极高的土体来说，微元 Q 在固结后相对于初始状态会有明显的位置变化，土体边界仍然使用 $0 \leqslant z \leqslant H$ 会引起较大误差。为了准确地应对微元 Q 的实时位置变化，本文采用运动学中的流动坐标系对其进行度量。Q 点的微元在流动坐标系中距离底部的距离用 ξ 表示，ξ 是关于位置 z 与时间 t 的函数。初始状态 $t=0$ 时，ξ 表示为 $\xi(z,0)$，如图 4-23(a) 所示；任意 t 时刻记为 $\xi(z,t)$，如图 4-23（b）所示，微元 Q 在 t 时刻的绝对沉降量记为 $S(z,t)$。其中 z 与 ξ 之间的关系为：

$$\frac{\partial\xi}{\partial z} = \frac{1+e}{1+e_{(0,0)}} \tag{4-56}$$

其中 $e_{(0,0)}$ 为污泥的初始孔隙比，而微元 Q 所在平面的沉降量 $S(z，t)$ 与微元 Q 的所在位置 z 以及流动坐标 ξ 的关系为：

$$S(z,t) = z - \xi(z,t) \tag{4-57}$$

等式两边同时对 z 求偏导可得：

$$\frac{\partial S}{\partial z} = 1 - \frac{\partial\xi}{\partial z} \tag{4-58}$$

将式（4-56）代入式（4-58）整理可得：

$$\partial S = \frac{e_{(0,0)} - e}{1+e_{(0,0)}}\partial z \tag{4-59}$$

对式（4-59）两边求积分，可得大应变固结过程中沿深度方向的土体各点的沉降表达式：

$$S = S(z,t) = \int_0^z \frac{e_{(0,0)} - e}{1+e_{(0,0)}}\mathrm{d}z \tag{4-60}$$

当 $z=l$ 时，表示土体上表面的沉降，即测量的表观沉降；当 $z=0$ 时，表示不可压

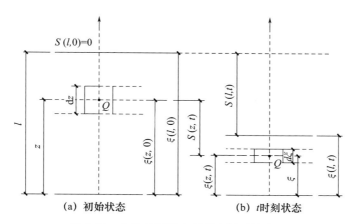

（a）初始状态　　　　　　（b）t 时刻状态

图 4-23　土体的沉降在两种坐标下的表示

缩排水边界处的沉降，即为 0。

因此污泥的沉降量：

$$S(l,t) = \int_0^l \frac{e_{(0,0)} - e}{1 + e_{(0,0)}} \mathrm{d}z \tag{4-61}$$

将式（4-49）代入式（4-55）可得：

$$S(l,t) = \frac{l(2e_{(0,0)} - e_0)}{2(1 + e_{(0,0)})} - \frac{2l}{(1 + e_{(0,0)}) \cdot (n\pi)^2} \cdot \sum_{n=1}^{\infty} \left[1 - (-1)^n \right] \mathrm{e}^{-\left(\frac{n\pi}{l}\right)^2 t} \cdot$$
$$\left[e_{(0,0)} \cdot \left[1 - (-1)^n \right] - e_0 \right] \quad n = 1, 2, 3, \cdots \tag{4-62}$$

观察式（4-62）$S(l, t)$ 的表达式，发现前一部分为定值，后一部分为累加函数，设累加函数的每一部分用 P_n 表示。

当 $n=1$ 时：

$$P_1 = -\frac{4l \cdot (2e_{(0,0)} - e_0)}{(1 + e_{(0,0)}) \cdot (\pi)^2} \cdot \mathrm{e}^{-\left(\frac{a\pi}{l}\right)^2 t} \tag{4-63}$$

当 $n=2$ 时：

$$P_2 = 0 \tag{4-64}$$

当 $n=3$ 时：

$$P_3 = -\frac{4l \cdot (2e_{(0,0)} - e_0)}{(1 + e_{(0,0)}) \cdot (3\pi)^2} \cdot \mathrm{e}^{-\left(\frac{3a\pi}{l}\right)^2 t} \tag{4-65}$$

当 $n=4$ 时：

$$P_4 = 0 \tag{4-66}$$

当 $n=5$ 时：

$$P_5 = -\frac{4l \cdot (2e_{(0,0)} - e_0)}{(1 + e_{(0,0)}) \cdot (5\pi)^2} \cdot \mathrm{e}^{-\left(\frac{5a\pi}{l}\right)^2 t} \tag{4-67}$$

当 $n=2k-1$ 时，$k=1, 2, 3, \cdots$

$$P_{(2k-1)} = -\frac{4l \cdot (2e_{(0,0)} - e_0)}{(1 + e_{(0,0)}) \cdot \left[(2k-1)\pi \right]^2} \cdot \mathrm{e}^{\left(-\frac{(2k-1)a\pi}{l}\right)^2 t} \tag{4-68}$$

根据上式的总结可得大变形沉降的公式为：

$$S(l,t) = \frac{l(2e_{(0,0)} - e)}{2(1 + e_{(0,0)})} - \frac{4l \cdot (2e_{(0,0)} - e_0)}{(1 + e_{(0,0)}) \cdot \left[(2k-1)\pi \right]^2} \cdot \sum_{k=1}^{\infty} \mathrm{e}^{-\left(\frac{(2k-1)a\pi}{l}\right)^2 t} \tag{4-69}$$

代入数值对大变形固结的沉降量进行验证，取值为 $z=l$、$t=0$

$$S(l,0) = \frac{l(2e_{(0,0)}-e)}{2(1+e_{(0,0)})} - \frac{4l \cdot (2e_{(0,0)}-e_0)}{(1+e_{(0,0)}) \cdot [\pi]^2} \cdot \sum_{k=1}^{\infty}\left[\frac{1}{(2k+1)^2}\right] \qquad (4\text{-}70)$$

又因为根据巴塞尔问题的解答有：

$$\sum_{k=1}^{\infty}\left[\frac{1}{(2k+1)^2}\right] = \frac{\pi^2}{g} \qquad (4\text{-}71)$$

因此 $S(l,0)=0$，符合实际现象。

4.3 异步真空污泥脱水试验

4.3.1 试验方案

（1）研究不同真空加载方式对污泥脱水的作用。

依托"真空温度荷载多场耦合试验系统"，在 0.08MPa 的负压下进行：

①只开启底部排水阀进行污泥真空脱水；

②同时开启顶部和底部排水阀脱水；

③开启底部排水阀 1h 后再开启顶部排水阀；

④开启底部排水阀 2h 后再开启顶部排水阀进行污泥真空脱水。

（2）研究不同真空荷载对污泥脱水的作用。

基于最佳真空脱水加载方式，改变真空度为 0.08、0.06 和 0.04MPa 进行研究。

4.3.2 不同真空加载方式污泥脱水分析

（1）排水量及污泥含水率的分析。

如图 4-24 所示，从排水量看，上下同时加载的脱水速率远高于其余三种抽滤方式。由于顶部延迟加载 1h 和 2h 的两组在 60min 前的时间段内顶部排水均未开启，实际在最初的 60min 里是在比较上下同时加载能够比底部加载的脱水速率高多少。在 0～30min，尤其是最初的 2min 内，四种加载方式的排水量均迅猛增长，这是因为污泥在脱水初期有极高的含水率，污泥颗粒散布悬浮在水中，渗滤介质均未发生淤堵，因此污泥的脱水速率较快。在最初的 2min 内，上下方式下的排水量便达到了近 6000g，排水速率约为 3000g/min，而其余三组的排水量均在 4800g 左右，排水速率为 2400g/min。

从 2min 以后，同步加载的排水量便明显与其余三组拉开差距；在 0～1h 的时间段内，同步加载方式污泥的平均脱水速率能够保持在 521g/min，而其余三组的脱水速率回落至 300g/min 左右。脱水 1h 后，其余三者的脱水速率便下降至不足同步加载方式的 60%。这说明在脱水速率较快的时间段内，底部加载污泥脱水方式相较于同步加载方式不仅脱水速率低，而且脱水速率衰减也较快。

在接近 60min 时，四种加载方式均出现了 4～8min 不等时长的排水量不增长"平台期"，上下同步加载是在排水量达到 30000g 左右出现，其余三组则是在 15000～17000g 的区间内。实验中观察发现，这是由于经过近 1h 的抽滤后，由于重力作用和模型箱内部污泥含固率增大，紧贴渗滤介质区域出现了一个含水率较高但十分疏松的泥饼，该泥

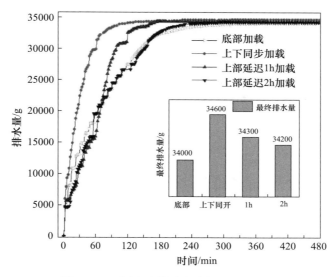

图 4-24　不同真空抽滤方式排水量的比较

饼的出现迟滞了水分被吸入架空层的速度，因此会出现排水量骤减的情况。但是该泥饼含水率较大且结构较为松散，真空负压突破阻碍也较为容易，因此在经过数分钟后排水量便可以继续增大。

当第 1 小时脱水结束后延迟 1h 的加载方式开启了上部脱水，该组的排水量有了大的提升，在开启上部排水 14min 后便与剩余两组拉开了差距。由于污泥的絮凝和沉降，靠近上部排水渗滤介质的含固率甚至会小于污泥的初始含固率，这导致上部脱水装置开启的一段时间内，其脱水速率会快过平均脱水速率。

当第 2 小时抽滤结束后延迟 2h 组开启了上部真空加载，此时排水量与含水率基本未发生变化，这是因为此时污泥含水率已接近 90%（图 4-25），污泥脱水过程正由"水

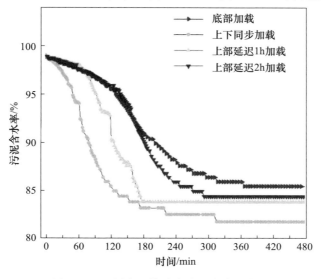

图 4-25　不同真空抽滤方式含水率的变化

分裹挟污泥固体"向"水在污泥固体中渗流"转换,模型箱中的污泥近似于"浆糊状",这一情况的产生会阻碍真空度在污泥内的传递;且由于顶部水分流出的方向与重力和污泥沉降方向相反,因此上部脱水会变得更加困难。

(2)污泥真空度分析。

图 4-26 展示了四种加载方式的真空度变化。截至 20min 时,四者的真空负压值都降至−60kPa 左右,经过 20min 的平台期后,真空度继续缓慢增大,然后稳定在−80kPa 左右。

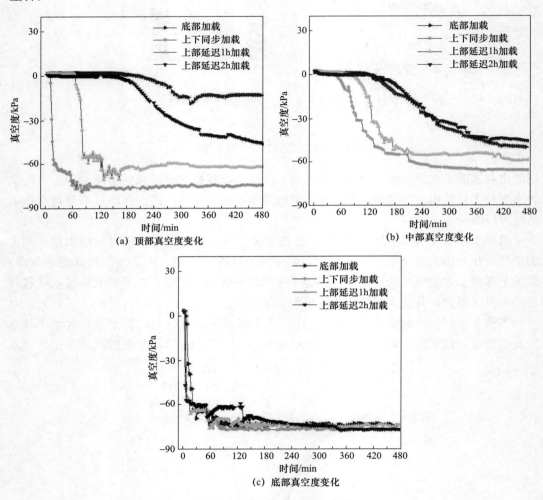

图 4-26　真空负压的时程曲线

相较于底部真空度较为统一的变化趋势,顶部和中部的负压值区别较大。对于只下部加载组而言,在 131min 时中部真空度才开始下降,164min 时顶部真空度才开始缓慢下降;对于启动上部真空加载的三组实验而言,其顶部真空度均在开启装置后下降;不同的是,随着上部排水开启时间的后移,真空度下降剧烈程度越来越低。这可能是由于污泥含水率降低导致越来越多的黏稠污泥粘在顶部排水板上造成淤堵,导致和排水板靠在一起的测点也难以检测到真空度的变化。

中部及上部真空度变化有滞后性是因为在抽滤开始时污泥含水率极大，只有紧贴抽水装置的测点才能观测到真空度的变化，而其余测点所在污泥均处于"液封状态"，真空度还没有传递到测点处。

如图 4-27 和图 4-28 所示，随着污泥含水率的降低，污泥固体产生裂缝，真空度从渗滤介质处开始向污泥深部蔓延，直至真空度传递至密封膜处，此时模型箱内与大气产生气压差，密封膜紧贴模型箱内侧壁及污泥上表面，污泥从"抽滤脱水"转为"抽滤＋压滤脱水"。上述过程表明，在真空度相同的情况下，越早开启上部真空加载就可以越早解除液封，这使得上部真空度和下部真空度一起向中部传递，脱水速率就越能得到提高。

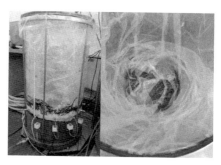

图 4-27 压滤阶段密封膜紧贴内壁和污泥上表面

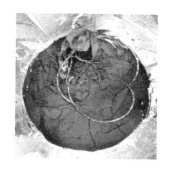

图 4-28 抽滤完毕的泥饼裂缝

（3）污泥孔隙水压力分析。

如图 4-29 所示，仅有上下同步开启组的三组孔压均能够下降至－50kPa 左右，而其余三组的底部孔压与上、中孔压值均有一定的差距。这也说明上下同步开启组的真空度发展得最好，污泥中、上部的水受到的真空吸力越大，脱水效果越好。

真空抽滤就是在污泥中某些边界造成负压源，使污泥内部的原有孔隙水压力与边界降低的孔压之间形成压差，从而发生渗流，这就是真空抽滤作用下高含水率污泥的固结与排水过程。

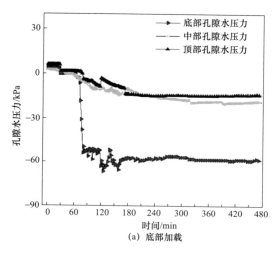

（a）底部加载

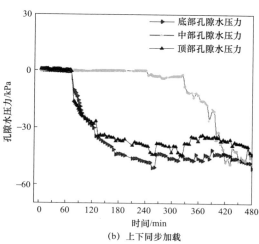

（b）上下同步加载

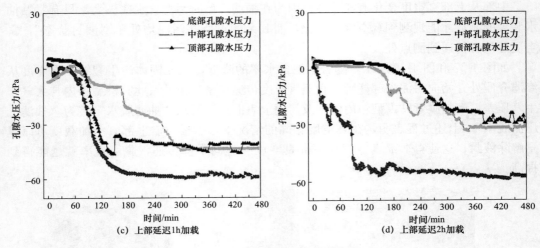

图 4-29　孔隙水压力的时程曲线

4.3.3　不同真空度双面污泥脱水分析

（1）排水量及污泥含水率分析。

基于上下同步加载真空污泥脱水方式，对不同真空度的污泥脱水进行了分析。如图 4-30 所示，尽管从脱水速率上看，在脱水前期，采用 $-80\mathrm{kPa}$ 进行脱水明显快于 $-60\mathrm{kPa}$ 的速率，但在 120min 左右，其排水量已经到达了极限，呈现出"前期排水速率快但后期排水速率衰减迅速"的特点。

对比 $-60\mathrm{kPa}$ 负压值的排水量和含水率变化，尽管在 180min 前，$-60\mathrm{kPa}$ 的排水量低于 $-80\mathrm{kPa}$，但是直至 $-80\mathrm{kPa}$ 进入停滞期时，$-60\mathrm{kPa}$ 污泥含水率仍旧在降低，甚至在 $90\sim240\mathrm{min}$ 的时间段内模型箱内污泥含水率的下降速率仍旧较大，且其含水率最终稳定至 77.90%，如图 4-31 所示。另外 $-80\mathrm{kPa}$ 进入停滞的时间仅仅比 $-60\mathrm{kPa}$ 快了 20min 左右，并未出现排水速率上的大幅领先。

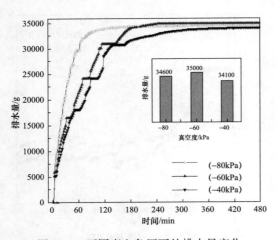

图 4-30　不同真空负压下的排水量变化

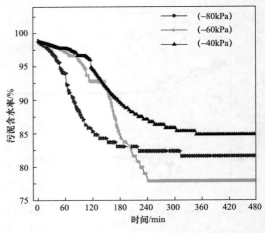

图 4-31　不同真空负压下的含水率变化

（2）污泥真空度分析。

不同真空度的变化趋势如图 4-32 所示。

由于三者的真空度不同，故上、中、下真空度测点呈现出的变化趋势差距较大。中部测点的真空度更值得关注，因为只有−60kPa 的中部真空度值接近设置真空度，而其余两组的中部真空度均与设置值有较大差距。

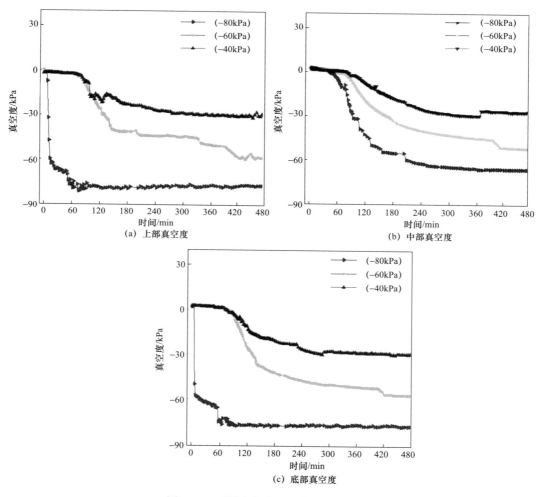

图 4-32　不同真空度下的负压时程曲线

（3）污泥孔隙水压力分析。

孔隙水压力时程曲线如图 4-33 所示。

图示孔压说明−60kPa 的真空度和孔压能较好地发展至整个污泥内部，这对污泥脱水是有益的。综合排水量、真空度和孔隙水压力来看，−40kPa 的真空荷载过于孱弱，这导致前期脱水速率较低，后期含水率也不低于 80%。但是对于−80kPa 的真空荷载，尽管其真空度和孔隙水压力的发展均大于−60kPa，但是其排水量并没有超过−60kPa真空荷载的排水量。

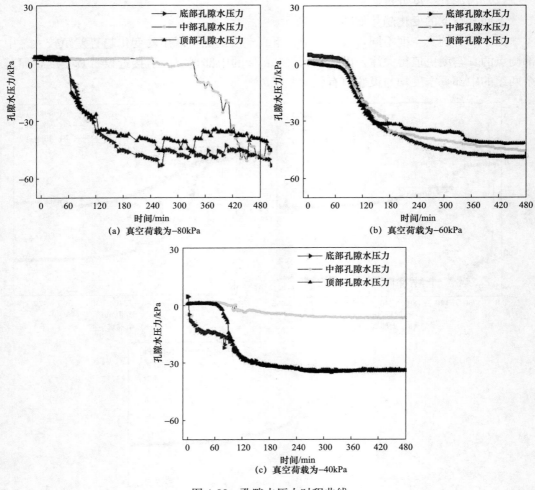

图 4-33　孔隙水压力时程曲线

（4）最优工况污泥脱水对比分析。

如图 4-34 和图 4-35 所示，基于污泥调理、加热和最优污泥加载方式，抽滤结束后污泥含水率可降至 51.7％，且前期的脱水速率也远大于其余三组。这可能是因为在污泥调理阶段，超声波使得污泥絮体破碎，内部的 EPS 和微生物细胞壁分解，胞内结合水和有机质（主要是蛋白质）释放，进一步瓦解 EPS 和微生物。其机械挤压和高温破坏有机物氢键和功能性亲水基团，降低污泥持水性能，使部分机械结合水脱离污泥絮体转化为游离水，削弱了蛋白质主链与水的结合力。活性炭加速污泥絮凝沉降；在加热和脱水过程中，活性炭的骨架作用保证部分排水通道畅通。加热进一步使得 EPS 溶解，更多的结合水转化为自由水，还保证了中孔的稳定性。加热使得污泥流动度增大，提高污泥的渗透性并减弱渗滤介质附近细粒淤积。加热还提升了真空气化作用。真空气化作用是指液态水的沸点会随着真空度上升而逐渐降低，液体水变为气态而排出的现象。这使得水分变为气体后可以穿过渗滤介质和排出，从而增大了污泥深度脱水的程度。

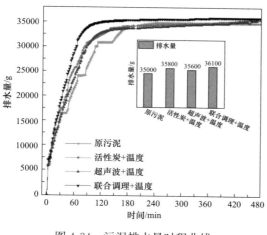

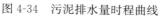

图 4-34　污泥排水量时程曲线

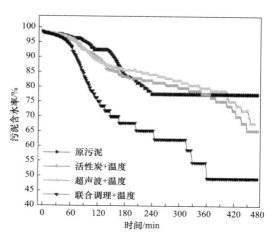

图 4-35　污泥含水率时程曲线

4.4　渗滤介质对污泥脱水性能的影响

4.4.1　试验过程

基于前两章的研究发现，污泥脱水易受到渗滤介质的影响。若不能合理选择污泥渗滤介质，有的会导致严重淤堵使污泥难以脱水（透水失效），有的会导致类似管涌的污泥颗粒大规模流失现象（保土失效）。

（1）仪器设备。

本章所用到的仪器见表 4-1。

表 4-1　实验仪器设备

仪器或设备的名称	型号	生产厂商
高速冷冻离心机	Himac CR21N	日本日立公司
扫描电子显微镜	EM-30 PL 超声波	韩国库塞姆公司
浊度仪	ZD-10A	杭州齐威仪器厂
核磁共振分析仪	PQ001	苏州纽迈分析仪器股份有限公司
真空加压饱和装置	NM-V	苏州纽迈分析仪器股份有限公司
电子天平	YP2001B	力辰科技有限公司
电热鼓风干燥箱	CS-101-2	九联科技有限公司

（2）试验过程。

①选择 100、200、300、400、500 目的尼龙网，300、400、500g 的无纺土工布以及涤纶和丙纶作为待研究污泥脱水渗滤介质。应用低场核磁共振分析法（low field nuclear magnetic resonance，LFNMR）和 SEM-Image j 图像分析法测定各渗滤介质的等效孔径（O95）。

②测试各渗滤介质的面密度；设置离心机转子温度 25℃、转速 3000 转/min，将上

述渗滤介质分别离心脱水 20min 过滤污泥，测定脱水后的泥饼含水率、滤液浊度。

（3）分析方法。

①渗滤介质面密度分析。

按照式（4-72）计算平均面密度。

$$\rho_A = \frac{m \times 10000}{A} \tag{4-72}$$

式中：ρ_A——试样面密度，g/m^2；

m——试样质量，g；

A——试样面积，cm^2。

②LFNMR 法分析渗滤介质孔径。

试验前，使各待测渗滤介质浸水至少 24h 饱和，取各渗滤介质试样约 $4cm^2$ 放入装满水的真空瓶中，在真空加压饱和装置中通过抽真空的方法再次进行强制饱和，使布料的孔隙中充满水，倒掉多余水分，然后置于核磁共振仪器中进行测试。图 4-36 为低场核磁共振装置。

(a) 真空加压饱和装置   (b) 饱和试样瓶   (c) 核磁共振仪

图 4-36　低场核磁共振装置

4.4.2　渗滤介质孔径分析

1）基于 LFNMR 法对渗滤介质孔径分析。

（1）方法原理。

LFNMR 的原理是指 1H、13C 和 14N 等原子核在恒定磁场射频磁化后对射频的响应，利用特定线圈检测质子释放能量的过程得到核磁共振信号。设置设备永磁体磁场强度为 0.5T，磁体温度为 25℃，共振频率为 12MHz＋354.25768kHz，实验信号处理采用了该设备配套的反演软件。LFNMR 法测定渗滤介质孔隙采用 CPMG 射频脉冲序列，该序列优点在于可以降低磁场的不均匀度对数据产生的杂波影响。信号强度可表达为：

$$y(t_i) = \int_{T_{2min}}^{T_{2max}} f(T_2) e^{\frac{-t_1}{T_2}} d(T_2) + \varepsilon(t_1) \tag{4-73}$$

式中：$y(t_i)$——i 时刻信号强度；

$f(T_2)$——未知的 T_2 衰减幅度；

T_{2min} 和 T_{2max}——衰减回波信号所能分辨的最短和最长弛豫时间；

$\varepsilon\left(t_{1}\right)$——随机噪声。

渗滤介质内部孔隙中的水与弛豫时间的关系可以表示为：

$$\frac{1}{T_{2}}=\frac{1}{T_{2Z}}+\frac{1}{T_{2B}}+\frac{1}{T_{2K}}=\frac{1}{T_{2Z}}+\rho_{C}\frac{S}{V}+\frac{1}{T_{2K}} \tag{4-74}$$

式中：T_{2Z}——在足够大的容器中即容器的影响忽略不计的孔隙间流体的 T_2 弛豫时间；

$\quad\quad\ T_{2B}$——发生在固体液体接触面上的 T_2 弛豫时间；

$\quad\quad\ T_{2K}$——与扩散机制有关的弛豫时间；

$\quad\quad\ \rho_C$——横向弛豫时间，与渗滤介质材料的理化性质有关，$\mu m/ms$，一般取 $0.01\mu m/ms$。

渗滤介质孔径的量纲为微米级别，另外色谱瓶体积有限，饱和的渗滤介质孔隙不考虑流体扩散问题，故式（4-74）中的 T_{2B} 和 T_{2K} 均可以忽略。

在均匀磁场中，已经水分饱和了的单个孔道内部原子的横向弛豫时间可以近似表达为：

$$\frac{1}{T_{2}}=\rho_{C}\left(\frac{S}{V}\right) \tag{4-75}$$

式（4-75）表明，渗滤介质孔隙中水分的 T_2 弛豫值与孔体积成正比，每个信号峰值代表氢核的一种运动状态，其比表面积与孔径的关系为：

$$\frac{S}{V}=\frac{a}{r} \tag{4-76}$$

在此处，简化认为各渗滤介质的孔径形状均为柱状，则 $a=2.0$，$\rho_C=20\mu m/s$，故：

$$r=40T_{2} \tag{4-77}$$

上述各式中：T_2 为横向弛豫时间，a 为几何因子，S 为孔隙的表面积，ρ_C 为材料横向弛豫强度，V 为孔隙的体积，r 为孔半径。

（2）各渗滤介质内部水分信号强度随弛豫时间的变化。

根据 LFNMR 理论分析可知，横向弛豫时间 T_2 间接反映渗滤介质的孔径大小，且 T_2 峰值时间越靠前，渗滤介质孔径也越小，反之则越大。图 4-37（a）中显示 $100\sim500$ 目尼龙网的峰值顶点逐渐从 1534ms 前移至 943ms，说明 $100\sim500$ 目尼龙网的孔径逐渐减小，这与反演得到的孔径积分分布是一致的。图 4-37（b）可以发现，涤纶和丙纶的孔径会远远小于土工布，$300\sim500g$ 的土工布孔径也逐渐减小。

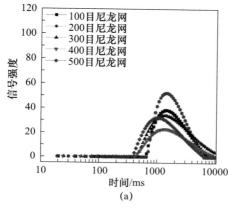

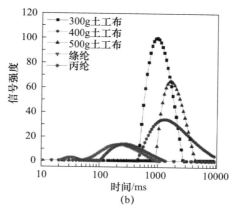

图 4-37　渗滤介质孔隙中水分的信号强度随弛豫时间的变化

（3）渗滤介质的孔径积分分布。

图 4-38 为 LFNMR 测试方法测定的渗滤介质孔径积分分布。尽管 LFNMR 测试方法可以做到无损测定渗滤介质孔隙，但是也有其局限性：在准备试样的过程中明显观察到了水分未能完全饱和或者水分跨越单层纤维孔隙的情况，这种情况会极大影响测定孔径分布的准确度。

对于一些疏水材料，在制作准备试样的过程中明显观察到了水分未能完全饱和或者水分跨越单层纤维孔隙的情况，这种情况会极大影响测定的孔径准确度。

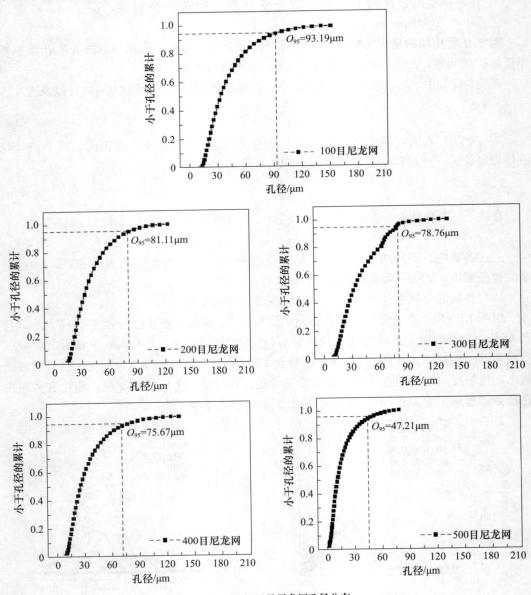

(a) 100～500目尼龙网孔径分布

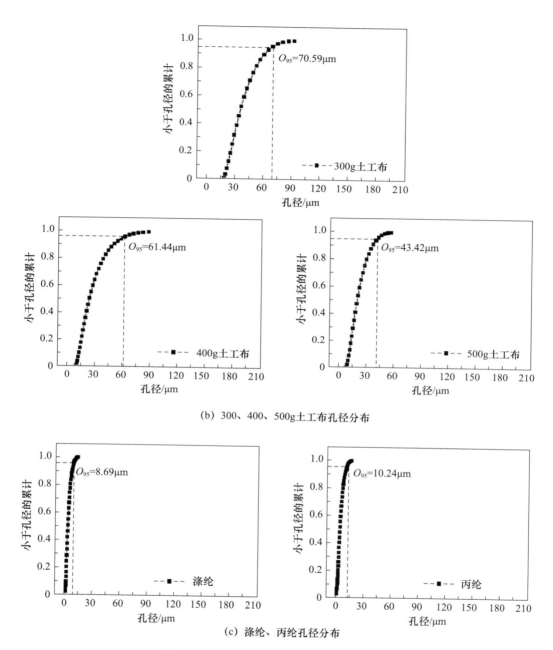

(b) 300、400、500g土工布孔径分布

(c) 涤纶、丙纶孔径分布

图 4-38　LFNMR 法测定各渗滤介质的孔径

2) 基于机器学习的 SEM-Image j 图像分析法渗滤介质孔径分析。

(1) 方法和原理介绍。

①渗滤介质的 SEM 分析。

合适的图像拍摄为建立与 Image j 软件二值化的关系提供可能；另外，应进行归一化处理使 SEM 图像灰度值介于 0～255 之间，以便后续识别、计算和统计。图 4-39 为尼龙网和土工布的 SEM 照片。

图 4-39 尼龙网和土工布的 SEM 照片

如图 4-40 所示，对涤纶和丙纶密织的结构而言，无论放大倍数调整至多少均难以发现孔径，故无法对涤纶和丙纶进行孔径分布测定。

图 4-40 涤纶和丙纶的 SEM 图片

②图像分割与二值化。

对于测定渗滤介质孔径而言，只需要将图像分为"纤维"和"孔洞"，故分割结束后对图像进行二值化即可。图像分割是进行分析的关键步骤，分割精度决定了图像二值化的可靠性。阈值分割法算法简单、计算条件单一、分割图像较为高效，因此广泛应用于图像二值化的预处理。

阈值分割法是基于一特定阈值，将渗滤介质纤维与背景-孔隙进行（0，1）运算分布，其应用到的函数关系式如下所示：

$$f(i, j) = \begin{cases} 0, & g(i, j) < T \\ 1, & g(i, j) \geq T \end{cases} \tag{4-78}$$

其中，$g(i, j) < T$ 为渗滤介质纤维图像，$g(i, j) \geq T$ 为背景孔隙，将输入图像 g 转化为输出图像 f 即完成了对图像的阈值分割。

但若只借助 Image j 软件自动设置阈值然后二值化的功能，则会出现图 4-41 所示的情况。

由于渗滤介质的纤维特性，经过喷金后拍摄的 SEM-Maps 灰度较为集中，软件自动识别功能难以精确判断，故需要借助 Image j 软件的"trainable weak segmentation"机器学习模块进行进一步分析。在对比例尺进行标定后，在图像中按照式（4-79）对肉眼可识别的纤维和孔隙分别进行多点标定标记 LABLES"孔洞＝Add to class 1，纤维＝Add to class 2"，模块利用已标定的像素点计算全部窗口像素的特征值灰度，然后利用

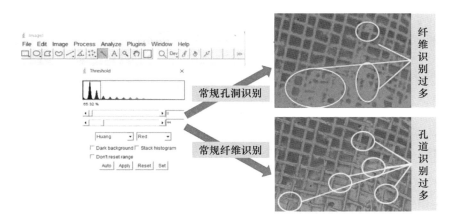

图 4-41　Image j 自动设置阈值后二值化

K-means 算法进行聚类分析，将窗口像素特征值分为 1/2 两类，从而生成初步的二色图像。

$$\begin{cases} \text{Add to class } 1 = \text{trace } i\ (i=1,\ \cdots,\ n) \\ \text{Add to class } 2 = \text{trace } i\ (i=1,\ \cdots,\ n) \end{cases} \tag{4-79}$$

将原图像作为图层一，红绿二色图像作为图层二进行影印重合，为了量化图像分割效果，计算分割精度，对机器建议区块拟合优劣进行评判；如图 4-42 所示，利用模块内置的损失函数和 IOU（intersection over union）评价体系计算获得图像拟合结果与标记图像间的误差损失并执行 "TRAIN CLASSIFIER" 命令；这作为一次完整的训练会话。不断重复上述过程，当模型经过学习→训练→迭代后，其损失函数将趋于收敛，此时可将该模型运用于类似灰度分布或者纤维类别的渗滤介质识别和图像二值化上。

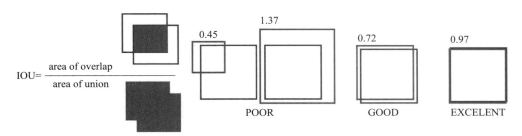

图 4-42　IOU 评价体系示意图

③孔径测定。

二值化完成后，对图像进行 8-bit 灰化和 make-binarization 二值化降噪后，分析测定标记灰度＝class 1 的区块面积，计算其每块的费雷特平均直径，应用到本测定分析中即：垂直于孔隙存在平面方向投影轮廓两边界平行线距离的算术平均值。

依据图 4-43 的方法对渗滤介质进行孔径分析，如图 4-44 所示。

（2）渗滤介质的孔径积分分布（图 4-45）。

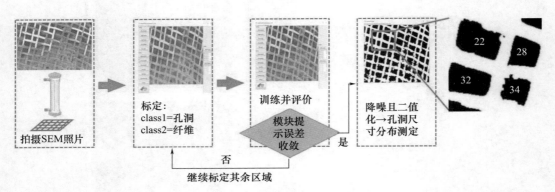

图 4-43　孔径测定减少误差流程示意图

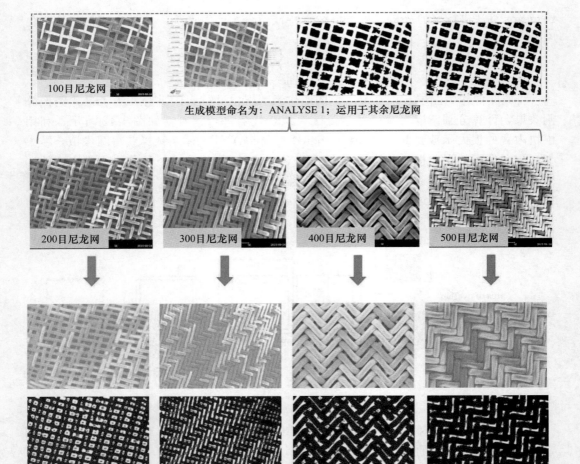

(a) 各尼龙网嵌套100目尼龙网训练模型图像二值化

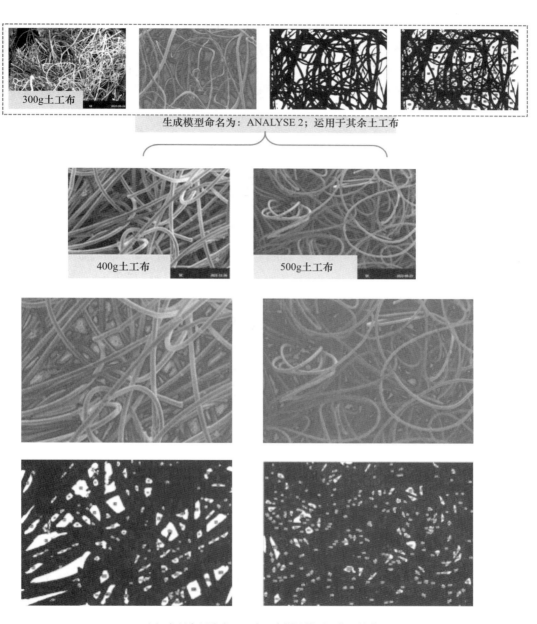

生成模型命名为：ANALYSE 2；运用于其余土工布

400g土工布　　　　　500g土工布

(b) 各尼龙网嵌套200g土工布训练模型图像二值化

图 4-44　训练模型应用于二值化

3）两种孔径测试方法对比分析。

通过对图 4-38 和图 4-45 的比较可知，LFNMR 法测得的 100～300 目尼龙网孔径分布小于基于机器学习的 SEM-Image j 图像分析法，仔细观察 LFNMR 法预处理完毕后的单层尼龙网水分填充情况可知：因为 100～300 目尼龙网孔径较大，部分孔洞出现了图 4-46 所示的水分填充不能完全饱和孔隙或孔洞存在微小气泡的情况，低场核磁共振不能检测到水分未填充区域，导致所测定的孔隙分布整体小于实际值；而 400 目和 500 目尼龙网 LFNMR 法大于图像分析法测定结果，这是因为出现了纤维难以隔绝水分导致数个单元水体连成一片的情况。由于尼龙作为单层有纺渗滤介质，其纤维纹理规则、走向清晰，利用图像进行分析可以直观地测定孔径分布，所以认为基于机器学习的 SEM-Image j 图像分析法对尼龙的测定比较准确；两种方法测定的 300 目尼龙网的 O_{95} 在这几种材料中最为接近，证明在尼龙材料中孔径宽度在 $82.26\mu m$ 附近会有较好的水分饱和。

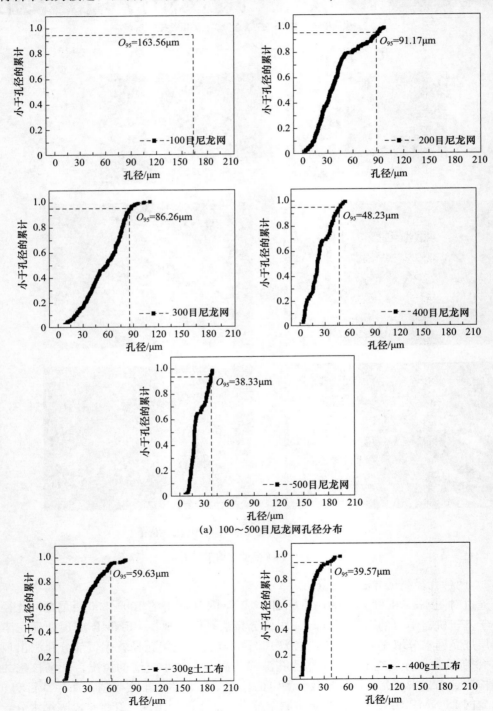

(a) 100～500目尼龙网孔径分布

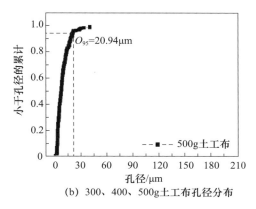

(b)　300、400、500g土工布孔径分布

图 4-45　基于机器学习的 SEM-Image j 图像分析法测定渗滤介质孔径

水分较好填充孔洞　　　　水分填充不饱和　　　　水分填充形成空腔　　　水分漫过纤维连成一体

图 4-46　水分浸入单层尼龙的四种情况

　　当然，基于机器学习的 SEM-Image j 图像分析法在实验中也展现了其局限性：如图 4-47所示，以 400g 土工布为例，对于多层无纺织的纤维而言，其纤维丝状结构立体交织，既存在接触点又存在非接触点，这就造成在二值化过程中纵横交错的纤维会分割位于该纤维投影面上的孔洞，如 1 号和 2 号孔所示，纤维分割形成的大孔在二值化后被同一垂直面上的其余纤维割裂成了多个小孔，故图像分析法测得的多层渗滤介质孔隙小于LFNMR法测得的孔隙，并且纤维越密集，两种方法测得的孔径分布差距就越大。但另一方面，无纺渗滤介质的持水能力远远高于单层纤维，300～500g 土工布基本可以做到孔隙饱和。综上，土工布采用 LFNMR 法测定是合适的。

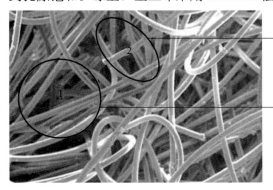 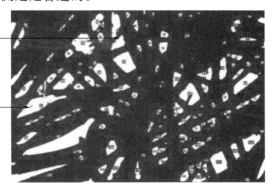

图 4-47　400g 土工布孔隙二值化被分割

因此，300～500g 土工布、涤纶和丙纶布采用 LFNMR 法测定出的孔径作为最终结果，100～500 目尼龙网采用 SEM-Image j 图像分析法测定孔径作为最终结果。

4.4.3 渗滤介质影响污泥脱水性能分析

关于渗滤介质的"反滤概念"，Koerner 指出：对于高含水量的淤泥或者污泥系统的脱水或软基加固，反滤系统是一个平衡的"细颗粒-渗滤介质"系统，该系统在预设的应用条件和设计寿命内，允许足够的水流通过土体，同时仅使有限的细颗粒流失、通过。目前，关于污泥脱水渗滤介质的反滤的认识是一致的，即：可有效阻滞污泥颗粒通过，防止由于污泥颗粒流失而造成的污泥减量化的失败，同时允许污泥颗粒中的水自由排出，避免造成脱水过程的淤堵。

渗滤介质的透水性和保土性是基于两个重要因素：一是渗滤介质的等效孔径 O_{95}，二是污泥颗粒的特征粒径 D_{85} 和 D_{15}，根据前人研究分析，满足透水性和保土性的基本要求为：$D_{15} < O_{95} < D_{85}$。图 4-48 为两类污泥粒径的累积分布。

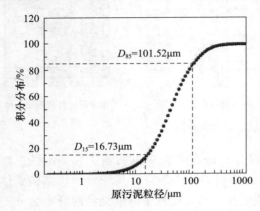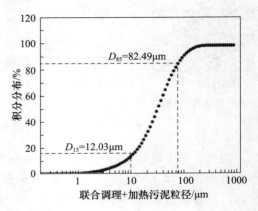

图 4-48　两类污泥粒径累积分布

由表 4-2 的分析看，400、500 目尼龙网，300～500g 土工布符合透水性和保土性的基本要求。

表 4-2　O_{95} 与 D_{15}/D_{85} 的对比结果

土工布名称	$O_{95}/\mu m$	原污泥粒径		活性炭联合超声波调理+加热污泥粒径	
		$>D_{15}=16.73\mu m$	$<D_{85}=101.52\mu m$	$>D_{15}=12.03\mu m$	$<D_{85}=82.49\mu m$
100 目尼龙网	163.56	√	×	√	×
200 目尼龙网	91.17	√	√	√	×
300 目尼龙网	86.23	√	√	√	×
400 目尼龙网	48.43	√	√	√	√
500 目尼龙网	38.33	√	√	√	√
300g 土工布	70.59	√	√	√	√
400g 土工布	61.44	√	√	√	√
500g 土工布	43.42	√	√	√	√

续表

土工布名称	$O_{95}/\mu m$	原污泥粒径		活性炭联合超声波调理＋加热污泥粒径	
		$>D_{15}=16.73\mu m$	$<D_{85}=101.52\mu m$	$>D_{15}=12.03\mu m$	$<D_{85}=82.49\mu m$
涤纶	8.69	$\times$	$\checkmark$	$\times$	$\checkmark$
丙纶	10.24	$\times$	$\checkmark$	$\times$	$\checkmark$

注：原污泥 $D[4,3]=63.54\mu m$；活性炭联合超声波调理＋加热污泥 $D[4,3]=58.79\mu m$。

如图 4-49 和图 4-50 所示，尽管 400 目尼龙网过滤后的两种污泥滤饼含水率是最低的，但是其滤液浊度最高，这证明有大量的污泥颗粒和固体悬浮物进入滤液。500 目尼龙网过滤污泥的滤液浊度表现良好，但是滤饼的含水率较高，说明渗滤介质发生了较为严重的淤堵，因此也不能选定为渗滤介质。

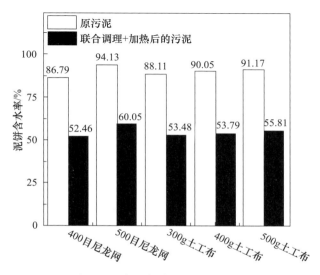

图 4-49　渗滤介质过滤泥饼含水率

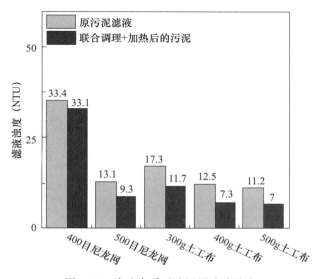

图 4-50　渗滤介质过滤污泥滤液浊度

300～500g 土工布过滤的泥饼含水率总体而言相差不大，但是 300g 土工布过滤出的滤液浊度明显大于 400g 和 500g 土工布，因此 300g 保土性不如后两者。对比 400g 和 500g 土工布，它们过滤两种污泥的滤液浊度为所有渗滤介质中最佳的，这说明二者对阻滞颗粒流失的能力基本相同；但是 500g 土工布过滤污泥脱水后含水率略高于 400g 土工布，这说明 400g 土工布的透水性高于 500g 土工布。此外发现，原污泥和调理后的污泥体积平均粒径与 400g 土工布的 O_{95} 十分接近，所以认为污泥脱水应选择与污泥体积平均直径相接近的渗滤介质。

4.4.4 渗滤介质过滤污泥机理浅析

污泥渗滤介质的透水性和保土性受其结构特点、被过滤污泥的特点以及污泥脱水渗流等因素的影响。对于本试验中的污泥，尽管颗粒较小，但具有极强的亲水性。在污泥脱水开始后，水流通过渗滤介质时会携带一定量的细粒，且会有一部分颗粒被拦截于渗滤介质的表面或滞留在渗滤介质内部。即使污泥粒径小于渗滤介质的等效孔径，也有一部分会附着在纤维上，致使在水流通过中孔隙减小，造成渗滤介质的淤堵。随着污泥脱水的进行，不断迁移的污泥颗粒在渗滤介质表面或者内部大量滞留，以至于在渗滤介质表面形成泥饼，随着泥饼的生成，此时体系的透水性应由泥饼层和渗滤介质共同决定。这不仅是脱水速率减慢的原因，同时也说明此时织物的渗透系数会小于未进行脱水时的渗透系数。

（1）渗滤介质透水性分析。

图 4-51 列出了各渗滤介质过滤污泥后的表面或断面的 SEM 图片。从图中可以观察到：污泥成块状板结在 400 目尼龙网的表面，污泥颗粒并未堵塞所有孔隙，未造成严重淤堵，但是明显造成了污泥颗粒的流失，这与测定出的滤液结果是吻合的。

图 4-51　各渗滤介质过滤污泥后的 SEM 图像

对于 500 目尼龙网而言，孔隙的堵塞非常严重，污泥细粒填充了大部分孔洞，对比 400 目和 500 目尼龙网发现，400 目尼龙网和其上残留的污泥片状结构之间的联系相对松散，污泥只是附着在纤维上，而 500 目尼龙网的纤维与污泥联结紧密，这说明 500 目尼龙网发生了淤堵。与单层渗滤介质不同的是，污泥不仅会附着在介质表面，还可以进入介质的内部。

观察 300～500g 土工布可知，三者内部所淤积的污泥增多。500g 土工布内部大部分空间均被污泥所充斥。脱水过程中迁移的污泥颗粒与渗滤介质之间的关系可以概括为：随着脱水的进行，颗粒会逐渐在纤维表面会形成一个滤饼，该滤饼可能造成渗滤介质的淤闭，第二章中加入活性炭就是为了增大该滤饼的渗透性；而颗粒进入渗滤介质内部被认为是渗滤介质发生了淤塞，削弱了介质的透水性。

（2）渗滤介质保土性分析。

尽管 400g 和 500g 渗滤介质的等效孔径 O_{95} 大于 500 目尼龙网，但是 500 目尼龙网的滤液浊度却大于前两者，计算三者面密度分别为：395.46、489.12、67.94g/m^2；这说明在等效孔径相近的情况下，增大面密度会提升渗滤介质的保土性。

观察图 4-51 可知，400g 和 500g 土工布的等效孔径远大于滤液流失的粒径上限，这证明有相当多的小于渗滤介质的等效孔隙的颗粒被拦截，使其并未流入滤液中。一方面，开始渗滤后，在靠近渗滤介质处细粒流失，出现一个较粗颗粒组成的架空层，这在污泥底部形成了一个天然渗滤层，该渗滤层具有阻滞细粒继续流失的作用。渗滤介质在该过程中只起催化该渗滤层形成的作用。

另一方面，如图 4-52 所示，在水流的拖曳作用下，颗粒在通过土工布孔隙通道时会黏结在纤维构成的通道壁上，这些颗粒又会由于通过渗滤介质的水流源源不断带来的颗粒持续不断累积，从而有效地截停了细粒的流失。

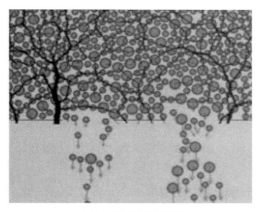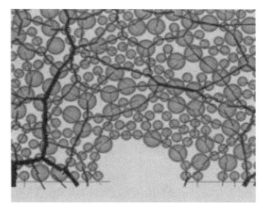

（a）初始阶段细粒流失　　　　　　　　（b）土拱渗滤介质形成

图 4-52　污泥-渗滤介质过滤体系形成

4.5　底部真空污泥排水数值分析

4.5.1　模型相关理论及必要设计参数

基于上述试验与机理分析，本章拟利用 Midas GTS 软件对底部真空污泥排水试验进行数值模拟，分析其排水变化机制并总结排水体淤堵对超静孔隙水压力的影响。以15cm 厚小麦排水体为例。

分析模型采用三维渗流模型，根据室内试验结果较优组的参数，模型尺寸为 $0.8m\times0.8m\times0.35m$，其中排水体尺寸为 $0.8m\times0.8m\times0.15m$，污泥尺寸为 $0.8m\times0.8m\times0.2m$。本章为简化建模计算，将污泥和排水体均采用土体模型，上部土体为模拟污泥的高含水率及水的高流动性，渗透系数暂取土的类型中渗透系数较大的砾石渗透系数 $0.06cm/s$，下部排水体渗透系数根据试验计算结果取值，见表 4-3。

表 4-3 不同时间段内排水体渗透系数

时间段/h	2.5~3	5~6	8~9	11~12	14~15	17~18	20~21
渗透系数/（cm/s）	0.002198	0.001469	0.00037	0.000124	0.000048	0.000015	0.000012

边界条件：模型下部表面设置为排水面，其余面设置为不排水。

初始条件：模型底部加载真空负压，压力大小变化如图 4-53 所示；污泥上部表面水头和植物秸秆排水体上表面水头根据试验测得的超静孔隙水压力大小取值，超静孔隙水压力变化如图 4-54 所示。

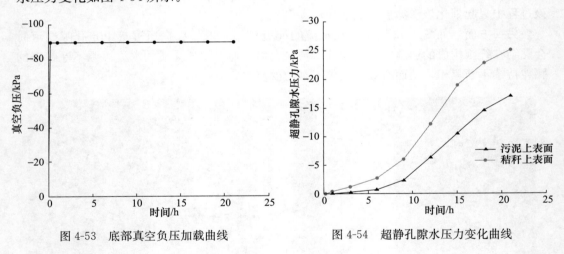

图 4-53　底部真空负压加载曲线　　　　图 4-54　超静孔隙水压力变化曲线

4.5.2　基于 Midas GTS 的底部真空污泥排水数值分析

（1）模型建立（图 4-55）。

（2）排水量模拟结果。

根据试验计算求得不同时刻排水体的渗透系数，作为模型中下部结构的渗透系数，模拟出渗透系数对应的排水量，比较模拟出的排水量与试验记录的排水量是否相同，验证计算渗透系数的可靠性。

如图 4-56 所示，模拟出的模型底部流量大小，乘以该流量对应的渗透系数时间，可以得到该段渗透系数下模型底部的排水量，将模拟出的排水量与试验排水量进行比较，如图 4-57 所示。

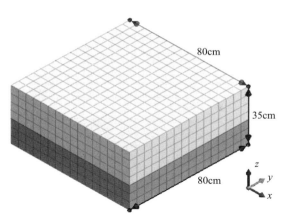

图 4-55　有限元及网格划分模型

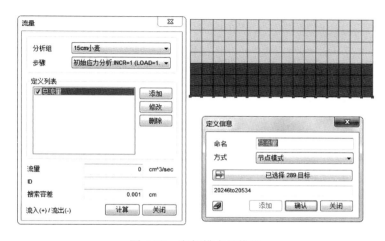

图 4-56　底部排水量模拟

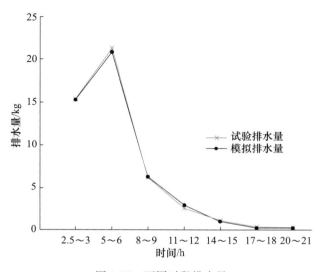

图 4-57　不同时段排水量

根据图 4-57 可知，经过有限元模拟出的排水量在相应排水体渗透系数参数下，与试验测出的排水量十分接近，同时相同时间段内，排水量的大小随渗透系数的减小而下降。

（3）孔隙水压力模拟。

图 4-58 为不同时刻数值模型内部超静孔隙水压力分布情况。

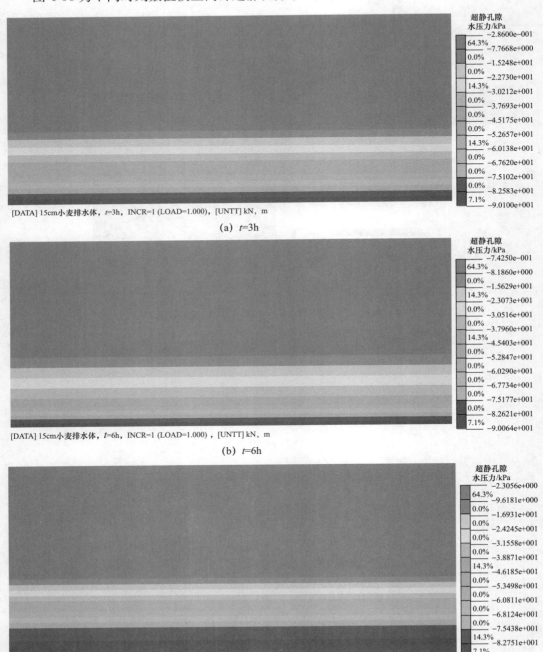

[DATA] 15cm小麦排水体，t=3h，INCR=1 (LOAD=1.000)，[UNTT] kN，m

(a) t=3h

[DATA] 15cm小麦排水体，t=6h，INCR=1 (LOAD=1.000)，[UNTT] kN，m

(b) t=6h

[DATA] 15cm小麦排水体，t=9h，INCR=1 (LOAD=1.000)，[UNTT] kN，m

(c) t=9h

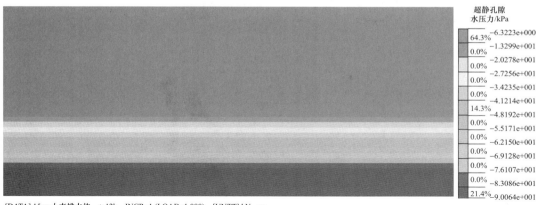

[DATA] 15cm小麦排水体，t=12h，INCR=1 (LOAD=1.000)，[UNTT] kN，m

(d) t=12h

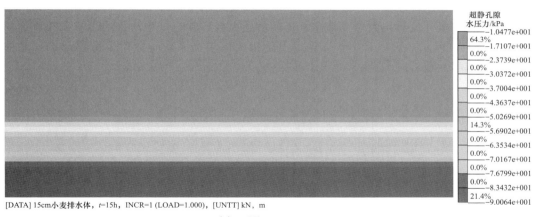

[DATA] 15cm小麦排水体，t=15h，INCR=1 (LOAD=1.000)，[UNTT] kN，m

(e) t=15h

[DATA] 15cm小麦排水体，t=18h，INCR=1 (LOAD=1.000)，[UNTT] kN，m

(f) t=18h

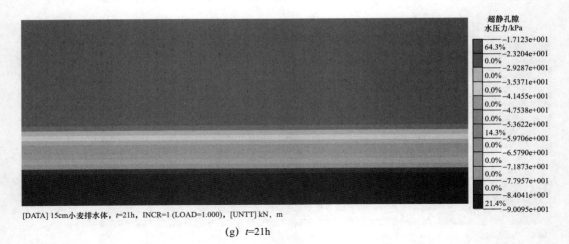

[DATA] 15cm小麦排水体，t=21h，INCR=1 (LOAD=1.000)，[UNTT] kN, m

(g) t=21h

图 4-58 不同时间超静孔隙水压力图

根据模拟排水体上下表面的超静孔隙水压力，得出模型排水体上下表面水头差，结合模拟的排水量，反算出数值模型排水体的渗透系数，并与试验计算的渗透系数进行比较，如图 4-59 所示。可以看出，计算得出的排水体渗透系数与数值模拟得出的排水体渗透系数基本一致。

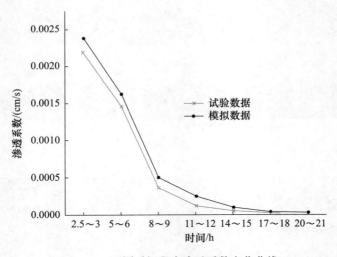

图 4-59 不同时间段内渗透系数变化曲线

根据不同时刻模型中超静孔隙水压力的大小，将模拟出的污泥中部超静孔隙水压力大小与试验测得数据进行比较，如图 4-60 所示。

由图 4-60 可知，模拟的污泥中超静孔隙水压力与试验数据基本吻合，超静孔隙水压力 0~10h 变化较为缓慢，10~18h 变化较快，18~21h 有变缓趋势。这一现象表明底部真空污泥排水过程中出现了曼德尔效应，初期底部排水体排水较快，而污泥内尚未排水，使得初期污泥内部超静孔隙水压力变化缓慢，随着底部负压的传递，污泥排水加快，污泥内部超静孔隙水压力变化加快。

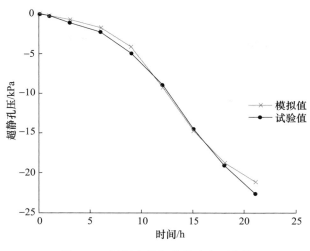

图 4-60　污泥中部超静孔隙水压力值

4.6　本章小结

本章介绍了笔者近年来在真空负压污泥脱水方面的研究成果。依托自主研发的真空负压污泥脱水处理系统，包括底部真空负压污泥脱水处理系统和真空温度荷载多场耦合处理系统，进行了一系列的试验研究，以及污泥脱水机理分析。研究了底部真空负压污泥脱水大变形固结理论以及渗滤介质对污泥脱水性能的影响，得到了如下一些有益的结论：

（1）根据底部真空排水的边界条件与初始条件对污泥的大变形固结方程进行推导，得到 $e(z, t)$ 表达式，并在简化条件下对 $e(z, t)$ 的表达式进行简化与验证；根据拉格朗日坐标下沉降量与孔隙比的关系，得到底部真空作用下污泥表面沉降的表达式 $S(l, t)$。

（2）污泥脱水最佳温度为 53.4℃，真空负压脱水的最优加载方式为上下同步加载，污泥真空脱水的最优真空负压为 −60kPa。活性炭联合超声波调理与最佳低温真空负压污泥脱水方式相结合，可使污泥含水率从 98.42％ 降低至 51.70％，实现污泥的深度脱水。

（3）低场核磁共振分析法适用于持水能力和亲水性较好的渗滤介质孔径测定，基于机器学习的 SEM-Image j 图像分析法适用单层渗滤介质孔径测定；渗滤介质等效孔径与污泥体积平均粒径越接近，污泥脱水效果越好，污泥脱水应选择等效孔径与污泥体积平均粒径接近的渗滤介质。

第 5 章　真空负压脱水技术的应用前景展望

目前，真空负压脱水技术已经相对成熟，并在多个领域得到广泛应用。无论是土壤工程、环境工程还是食品加工等领域，该技术都展现出了良好的脱水效果和经济效益。为了进一步提升真空负压脱水技术的效果和应用范围，科研人员不断进行技术创新和改进。例如，通过优化真空脱水设备的结构和性能、开发新型脱水材料和技术等手段，不断提高脱水效率和物料性能。同时，随着物联网、大数据等先进技术的引入和应用，真空负压脱水技术也将逐步实现智能化和自动化控制。真空负压脱水技术自诞生以来经历了不断的发展和完善过程，并在多个领域展现出广泛的应用前景和市场潜力。

5.1　真空负压排水固结技术展望

真空负压排水固结技术作为一种先进的软土地基加固处理技术，能够显著缩短工程周期，降低建设成本，提高地基承载力和稳定性，其应用前景十分广阔。凭借其高效、经济、环保的特点，将在高速公路、高速铁路、城市地铁、大型桥梁等基础设施建设中得到广泛应用。随着科技的不断进步，真空负压排水固结技术将持续进行技术创新和升级。开发出更高效、更耐用的真空泵和排水管道材料，优化施工工艺流程，提高施工效率和质量，其经济效益将更加显著。未来将实现施工过程的远程监控和智能控制，提高施工精度和安全性。随着技术的广泛应用，制定和完善相关技术标准和规范将成为重要任务。

5.2　疏浚河湖底泥真空负压脱水固结技术展望

疏浚河湖底泥真空负压脱水固结技术是环保和水利工程领域的一项重要技术，未来应注重研发新型高效的脱水剂和固化剂，提高底泥的脱水效果和固结强度，改进排水板和其他相关设备的制造工艺，提高脱水效率和效果，增加耐用性和使用寿命。真空负压脱水固结技术将广泛应用于河湖清淤工程，提高清淤效率，减少底泥占地和二次污染。在城市黑臭水体治理中，该技术可用于底泥的脱水固结和无害化处理，改善水体环境。在港口和航道扩建工程中，该技术可用于处理疏浚产生的底泥，为工程建设提供坚实的地基基础。在土壤修复、生态修复领域处理污染土壤和生态退化区域，促进生态环境的恢复和改善。脱水固结后的底泥可用于土地回填、绿化造景等用途，实现资源化利用，提高经济效益。未来同样要制定和完善相关技术标准和规范，推动该技术的标准化和规范化发展。加强行业自律和监管力度，为我国的生态文明建设和经济社会发展做出积极贡献。

5.3　真空负压污泥脱水技术展望

真空负压污泥脱水技术能够显著提高污泥脱水效率，降低处理成本。同时，脱水后的污泥可用于土地回填、建筑材料等用途，实现资源化利用，增加经济效益。真空负压污泥脱水技术作为一种高效、环保的污泥处理技术，在未来具有广阔的发展前景。未来应研发新型过滤材料和密封材料，提高脱水效率和质量，延长设备使用寿命。新型材料应具有优良的耐腐蚀性、耐磨性和耐高温性，以适应各种污泥处理环境。真空负压污泥脱水设备应不断升级，提高抽真空的效率和稳定性，降低能耗和噪声。未来应通过持续优化真空度、温度、脱水时间、污泥浓度等工艺参数，提高脱水效率和脱水效果。同时，探索与其他污泥处理技术的联合应用，形成综合处理方案，提高整体处理效果。不同污泥的性质和成分差异较大，对真空负压污泥脱水技术的要求也不同。因此，需要针对不同污泥类型进行技术研发和优化，提高技术的适应性和稳定性。

真空负压脱水技术从提出到应用不足百年，很多技术难题和科学问题尚未完全解决，仍需要广大科研人员砥砺前行，持续研究。

参考文献

[1] QI Y Z, CHEN J H, XU H Q, et al. Optimizing sludge dewatering efficiency with ultrasonic treatment: insights into parameters, effects, and microstructural changes [J]. Ultrasonics Sonochemistry, 2024, 102: 1-9.

[2] 齐永正, 杨子明, 郝昀杰, 等. 底部真空负压温度荷载耦合污泥脱水处理数据采集控制系统: 2023SR0162653 [P].

[3] 齐永正, 杨子明, 朱忠泉, 等. 十二水硫酸铝钾对污泥脱水性能的影响 [C] //中国土木工程学会港口工程分会. 工程排水与加固技术及港口工程理论与实践: 第十二届全国工程排水与加固技术研讨会暨港口工程技术交流大会论文集, 2023: 8.

[4] 齐永正, 李振雄. 底部渗流污泥脱水效应及机理分析 [J]. 江苏科技大学学报（自然科学版）, 2023, 37 (4): 104-110.

[5] 杨子明. 基于活性炭和超声波调理的污泥真空负压脱水机制研究 [D]. 江苏科技大学, 2024.

[6] 张国付. 底部真空负压污泥快速脱水机理研究 [D]. 江苏科技大学, 2022.

[7] 袁梓瑞. 考虑淤堵效应污泥真空排水研究 [D]. 江苏科技大学, 2019.

[8] 杨杭. 高含水率废弃污泥流动固化土的工程特性研究 [D]. 江苏科技大学, 2023.

[9] 宋苗苗, 齐永正, 卞子君, 等. 钙质絮凝剂对固化高含水率疏浚泥流动性影响研究 [J]. 盐城工学院学报（自然科学版）, 2022, 35 (1): 1-5.

[10] QI Y Z, WANG Z Z, JIANG P M, et al. Test and analysis of sludge dewatering with a vacuum negative pressure load at the bottom of full section [J]. Advances in Civil Engineering, 2020, 10.

[11] 汤文岗, 齐永正, 袁梓瑞, 等. 基于不同透水土工布污泥真空脱水效应研究 [C] //中国环境科学学会环境工程分会. 中国环境科学学会 2021 年科学技术年会: 环境工程技术创新与应用分会场论文集（二）, 2021: 4.

[12] 齐永正, 杨子明, 郝昀杰, 等. 真空温度荷载多场耦合试验系统及其使用方法: 202310169853.7 [P]. 2023-02-27.

[13] WU S L, CHEN Y L, ZHANG P, et al. Pore characteristics of cake by filtration based on LBM-DEM-DLVO coupling method [J]. Powder Technology, 2024, 431: 119109.

[14] 齐永正, 郝昀杰, 吴思麟, 等. 超声时间对污泥脱水性能的影响 [J]. 岩土工程学报, 2023, 45 (S1): 84-87.

[15] 齐永正, 王逸, 朱忠泉, 等. 污泥脱水处理技术研究综述 [J]. 辽宁化工, 2020, 49 (9): 1117-1120.

[16] 唐鹏. 基于钙质絮凝剂影响疏浚淤泥工程特性研究 [D]. 江苏科技大学, 2020.

[17] ZHANG J S, QI Y Z, ZHANG X, et al. Experimental investigation of sludge dewatering for single-and double-drainage conditions with a vacuum negative pressure load at the bottom [J]. PlOS One, 2021, 16 (6): e0253806.

[18] 齐永正, 张安琪. 潜流交换作用下胶体水沙界面通量研究 [C] //《环境工程》编委会, 工业建筑杂志社有限公司. 《环境工程》2019 年全国学术年会论文集（下册）, 2019: 6.

[19] 齐永正, 郝昀杰, 王环, 等. 一种淤泥超软土水中钢结构施工平台及其施工方法: ZL

202211361812. X［P］.

［20］QI Y Z, YUAN Z R, YUE Z Q, et al. Analysis for the particle properties of peaty clay in the Kunming Plateau［C］//Proceedings of The 6th Academic Conference of Geology Resource Management and Sustainable Development，2018.

［21］齐永正，张国付，王丽艳，等. 底部真空压负压双面快速污泥脱水实验及应用系统：2020107578554［P］. 2020-07-31.

［22］金光球，谢天云，唐洪武，等. 海岸水库室内脱盐阻咸的实验模拟系统及其模拟方法：ZL201510426957.7［P］. 2017-01-11.

［23］杨杭，齐永正，王丽艳，等. 基于可伸缩式 PVC 排水桩的软泥排水固结处理系统：ZL 202011329997.7［P］.

［24］齐永正. 真空预压加固软地基工程实例分析［J］. 人民长江，2010，41（24）：81-85.

［25］齐永正，郝昀杰，徐浩青，等. 一种土工管袋路基及其施工方法：202310012303.4［P］. 2023-01-05.

［26］徐宏，邓学均，齐永正，等. 真空预压排水固结软土强度增长规律性研究［J］. 岩土工程学报，2010，32（2）：285-290.

［27］齐永正. 真空预压法加固软基几个问题的探讨［C］//江苏省公路学会优秀论文集（2006—2008），2009：8.

［28］汪令松，周怀民，齐永正. 真空预压法加固机理分析［J］. 安徽冶金科技职业学院学报，2009，19（2）：41-44，51.

［29］张航，齐永正，赵维炳. 真空预压法加固大面积厂房软基［J］. 施工技术，2008，37（S2）：94-99.

［30］蔡纯，齐永正，倪洪波，等. 真空联合堆载预压在大面积厂房地基处理中的应用［C］//中国土木工程学会港口工程分会工程排水与加固专业委员会. 工程排水与加固技术理论与实践：第七届全国工程排水与加固技术研讨会论文集，2008：6.

［31］XU H Q, ZHOU A Z, JIANG P M, et al. The permeability of dredged material-bentonite backfills［J］. Environmental Science and Pollution Research，2020，3.

［32］齐永正，赵维炳. 排水固结加固软基强度增长理论研究［J］. 水利水运工程学报，2008（2）：78-83.

［33］齐永正. 真空预压加固软基土中应力研究［J］. 岩土工程界，2008（4）：35-38.

［34］QI Y Z, GUAN Y F, WANG L Y, et al. The influence of soil disintegration in water on slope instability and failure［J］. Advances in Civil Engineering，2020，9.

［35］TANG P, QI Y Z, DING Y X, et al. Study on tensile properties of rice straw xrope considering degradation［J］. IOP Conference Series：Materials Science and Engineering，2020，768（3）：032011.

［36］齐永正. 真空预压排水固结加固软基强度与地基承载力研究［D］. 南京水利科学研究院，2008.

［37］雷华阳，刘安仪，刘景锦，等. 超软土地基交替式真空预压法加固效果影响因素分析［J］. 岩石力学与工程学报，2022，41（2）：377-388.

［38］张云达，徐杨，武亚军，等. 不同类型排水板对"冻融-真空预压"法原位处理填埋污泥工艺中污泥脱水效果的影响［J］. 环境工程学报，2021，15（11）：3669-3676.

［39］李晋骅. 真空预压加固南沙软土过程中脱水板淤堵行为试验研究［D］. 华南理工大学，2015.

［40］蔡袁强，周岳富，王鹏，等. 考虑淤堵效应的疏浚淤泥真空固结沉降计算［J］. 岩土力学，2020，41（11）：3705-3713.

［41］GAO Y F, ZHOU Y. Effect of vacuum degree and aeration rate on sludge dewatering behavior with the aeration-vacuum method [J]. Journal of Zhejiang University-Science A (Applied Physics & Engineering), 2010, 11 (9): 638-655.

[42] 周源, 高玉峰, 陶辉, 等. 透气真空快速泥水分离技术对淤泥水分的促排作用 [J]. 岩石力学与工程学报, 2010, 29 (S1): 3064-3070.

[43] 赵维炳. 排水固结加固软基技术指南 [S]. 北京: 人民交通出版社, 2005.

[44] 高志义. 真空预压法的理论与实践 [M]. 北京: 人民交通出版社, 2015: 11.

[45] 娄炎. 真空排水预压法加固软土技术 [M]. 2版. 北京: 人民交通出版社, 2013: 80.

[46] 熊全涛. 真空预压法加固机理及地下水位变化实验研究 [D]. 南昌: 华东交通大学, 2017.

[47] 刘汉龙, 周琦, 顾长存. 真空预压条件下地下水位测试新方法及其应用 [J]. 岩土工程学报, 2009, 31 (1): 48-51.

[48] 宗梦繁, 吴文兵, 梅国雄, 等. 连续排水边界条件下土体一维非线性固结解析解 [J]. 岩石力学与工程学报, 2018, 37 (12): 2829-2838.

[49] 赵维炳. 广义 Voigt 模型模拟的饱和土体轴对称固结理论 [J]. 河海大学学报, 1988, 16 (5): 37-56.

[50] 谢康和. 砂井地基: 固结理论、数值分析与优化设计 [D]. 杭州: 浙江大学, 1987.

[51] 曹永华, 高志义. 自密封真空预压模型实验研究 [D]. 天津: 中交天津港湾研究院, 2008.

[52] 冯伟骞. 低位真空预压加固技术应用研究 [D]. 天津: 天津大学, 2010.

[53] 娄云雷. 水气分离式真空预压技术在地基处理中的应用 [J]. 中国水运, 2020 (10): 150-152.

[54] IMAI. Settling behavior of clay suspension [J]. Soil and Foundation, 1980, 20 (2): 61-77.

[55] WORK L T, KOHLER A S. Sedimentation of suspensions [J]. Industrial and Engineering Chemistry, 1940, 32: 1329-1332.

[56] FITCH E B. Anaerobic digestion and solids-liquid separation [M] // MCCABE J, YORK W W Biological treatment of sewage and industrial wastes. NY, 1958, 159-170.

[57] KJELLMAN W. Consolidation of clay soil by means of atmospheric pressure [C] //Proc. of the Conference on Soil Stabilization Boston, USA: Massachusetts Institute of Technology Press, 1952: 258-263.

[58] 董志良. 堆载及真空预压砂井地基固结解析理论 [J]. 水运工程, 1992 (9): 1-7.

[59] 丁建文. 高含水率疏浚淤泥流动固化土的力学性状及微观结构特征研究 [D]. 南京: 东南大学, 2011.

[60] 沈杰. 高含水率疏浚泥真空预压室内模型试验研究 [D]. 南京: 东南大学, 2015.

[61] 吴正友. 连云港吹填泥浆沉积和固结性质的现场观测与分析 [J]. 水运工程, 1990 (4): 1-6.

[62] 杨爱武, 杜东菊, 赵瑞斌, 等. 吹填泥浆沉积模拟试验研究 [J]. 辽宁工程技术大学学报 (自然科学版), 2010, 29 (4): 617-620.

[63] 彭玉丽, 霍志华, 王生愿, 等. 垃圾填埋场污泥坑污泥土工管袋脱水应用 [J]. 环境与发展, 2019, 31 (1): 75-77.

[64] 詹良通, 罗小勇, 冯源, 等. 采用移动电极法提高机械脱水污泥电动脱水能效的试验研究 [J]. 环境科学学报, 2013, 33 (8): 2264-2269.

[65] 龚晓南, 岑仰润. 真空预压加固软土地基机理探讨 [J]. 哈尔滨建筑大学学报, 2002 (2): 7-10.

[66] 许胜, 王媛. 真空预压法加固软土地基理论研究现状及展望 [J]. 岩土力学, 2006, 27 (S2): 943-947.

[67] 武孟琼, 王保田. 底部抽真空法在围垦工程中优越性研究 [J]. 岩石力学与工程学报, 2010 (29): 2916-2926.

[68] 詹良通, 张斌, 郭晓刚, 等. 废弃泥浆底部真空-上部堆载预压模型试验研究 [J]. 岩土力学,

2020，41（10）：10.

［69］武亚军，邹道敏，唐军武，等．吹填软土植物垫层真空预压现场试验研究［J］．岩石力学与工程学报，2011，30（S2）：3574-3583.

［70］张福海，陈雷，郭帅杰，等．底部抽真空预压法砂井地基固结解析解［J］．岩土力学，2014，35（10）：2787-2793.

［71］徐桂中，吉锋，翁佳兴．高含水率吹填淤泥自然沉降规律［J］．土木工程与管理学报，2012，29（3）：22-27.

［72］张先伟，杨爱武，孔令伟，等．天津滨海吹填泥浆的自重沉降固结特性研究［J］．岩土工程学报，2016，38（5）：769-776.

［73］刘广胜，赵维炳，朱国忠．固结、渗流和沉积控制方程研究［J］．水利水运科学研究，1999（2）：103-108.

［74］李丽慧，王清，王剑平，等．真空排水预压下土体变形的应力路径分析［J］．工程地质学报，2001（2）：170-173.

［75］李青松，吴爱祥，黄继先，等．真空渗流场作用下的渗透固结［J］．中南大学学报（自然科学版），2005（4）：689-693.

［76］朱建才，温晓贵，龚晓南．真空排水预压加固软基中的孔隙水压力消散规律［J］．水利学报，2004（8）：123-128.

［77］明经平，赵维炳．真空预压中地下水位变化的研究［J］．水运工程，2005（1）：1-6.

［78］周洋，王鹏，徐方．砂井径向排水的不均匀固结效应及简易量化方法［J］．土木工程学报，2019，52（S2）73-80.